K‧Kwong的化學世界

化學世界

3分鐘化學

K. Kwong 著

序

　　教了多年化學，最多朋友問我的就是這類問題：「這洗衣液真的有用嗎？」、「頭髮真的可以造豉油的嗎？」、「三聚氰胺有毒嗎？」。這些問題，本身答案可以很詳細，但朋友們都很想有一個極短的答案，所以就有了寫「三分鐘化學」的念頭。

　　化學本身像是很難懂的學科，其實化學有很多部分就像看報一樣，不需要太多基礎知識，就可以明白到。本書就是寫給對化學有興趣而又不想知太多關於原子、電子、化合物等專業名詞的朋友。文科人、商科人當然看得懂。如果你是理科人，本書更可啟發你未學過的化學知識，例如「森林浴」同負離子的關係。

學化學如果只能在理論上的層面，而與日常生活脫節，你會完全不知道學化學來幹什麼。因此本書集中討論你身邊的化學常識。小學、初中到高中生，都可以看得明白。如果你是家長，拿着這本書和小朋友一起討論 STEM，更可增進親子關係！（部分內容需家長指引）

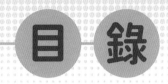

目錄

飲食篇 ◉ 你真的知道放進口裏的是什麼嗎？ ◉

清 潔 防 疫 篇 ◉ 保持衛生百毒不侵 ◉

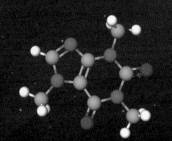

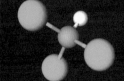

日常生活篇

無處不在的化學

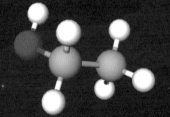

我不要買有 Chemical 的產品：原子、分子……

何謂 chemical?

　　外國朋友常説：I don't want chemical products.（我不要買有 chemical 的產品）。什麼是 chemical（化學物）呢？宇宙所有物質都是由細小的粒子組成。用化學方法不能再分割的粒子稱為原子（atom）。化學上所有化學物都是由原子以不同形式組合而成。原子很小，如果原子是一個乒乓波，那麼頭髮直徑就有香港島那麼大。「我不要買有 chemical 的產品」代表買什麼呢？真空也！

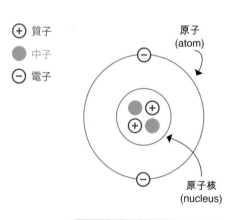

質子 ⊕
中子 ●
電子 ⊖

原子 (atom)

原子核 (nucleus)

氦原子（helium）
（「氦」氣球內的就是氣體氦氣 He）

原子本身由電子（electron）、中子（neutron）及質子（proton）組成。由單一種原子組成的物質稱為元素（element），所有物質都是由元素組成，現有元素 118 種。原子可以增加電子成陰離子（anion，又稱負離子），減少電子而形成陽離子（cation，又稱正離子）。食鹽氯化鈉（sodium chloride）就是由陽離子 Na^+ 及陰離子 Cl^- 形成。

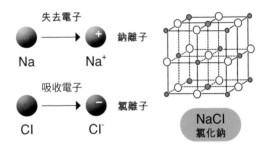

原子又可以組成分子（molecule），水（H_2O）分子就是人體最多的分子。「女人是水做」是真的，因為我們身體有 70% 質量是水！分子不似離子（ion）帶電，分子是中性的。

O	H	H_2O
氧原子	氫原子	水分子

分子大部分由不同元素的原子組成。只有約十多個分子由同一元素組成，如空氣內分子有 N_2、O_2、CO_2、H_2O、Ar，只有氮（N_2）、氧（O_2）、氬（Ar）是元素；而二氧化碳（CO_2）、水（H_2O）是化合物（compound）。

混合物 (mixture)

> **空氣**：N_2，O_2，CO_2，H_2O，Ar
>
> **海水**：H_2O，NaCl（**鹽**）
>
> ● 化合物 (compound)
> ● 元素 (element)

有機化合物：碳的化合物

地球上 99.99% 化合物都是分子，化學主要就是研究分子及少數離子化合物（ionic compound）。而不同的化學物質又可以組成混合物（mixture），例如人就是有機物（organic compound，碳化合物）如脂肪（lipid）、碳水化合物（carbohydrate）、蛋白質（protein）、核酸（nucleic acid）同無機物水、骨所組成的混合物。空氣就是主要由 78% 氮同 21% 氧所組成的混合物。

去森林呼吸負離子

爲什麼森林的空氣比較好？

大家都有試過在城市呼吸的空氣不及郊外好，是因為郊外空氣污染比城市少。但海邊和森林很多時候都沒有空氣污染，為什麼森林的空氣總比海邊的空氣好呢？

日本人近年提倡森林浴，因為在森林漫步會身心舒暢。我亦很喜歡在日本的森林漫步，日本長野上高地的空氣是優質到可以出口做罐頭空氣！

森林浴的吸引力其中一個原因，就是「負離子」。世上物質都應該是中性的，為什麼物質會帶有正電或負電呢？原來物質受磨擦、輻射、陽光、宇宙射線、化學反應，都可以產生離子。但以下並非森林比城市多負離子的主要原因：

【輻射】地球上有很多礦物質是有放射性的，它們放出的輻射，可以電離其他物質。

【宇宙射線】可以電離產生負離子，但這不是森林負離子的主要產生原因，因為在高海拔才有較強的宇宙射線。

【陽光】在地面的陽光強度不足以產生太多離子。

森林產生負離子比城市多的原因是：化學反應及磨擦。

【化學反應】一棵植物開花，會導致其他植物同時開花。

這是從一棵植物產生的化學物質（植物分泌出來的精油及揮發性有機化合物 VOC（volatile organic compounds），導致其他植物都一同產生這些化學物質。這些有機化合物內往往有碳 - 碳雙鍵（C=C），可以同空氣內微量臭氧產生反應，從而產生負離子。（物理迷：你知道藍山（blue mountain）同這些有機化合物有關嗎？）

【磨擦】磨擦可以產生負離子，城市也有風可以導致磨擦，為什麼森林會產生更多負離子呢？森林同城市最大的分別就是有很多樹葉和水流瀑布。風吹導致樹葉磨擦產生負離子，瀑布的急流與石頭磨擦，亦易產生大量負離子。這些負離子可以稱為空氣負離子（negative air ions，NAI）。

可惡的帶正電塵粒

城市空氣的微塵粒有來自車軚的碳粉、沙石塵粒（二氧化矽、矽酸鹽、氧化鋁、氧化鐵）、來自空氣污染物的硝酸鹽和硫酸鹽、人類的皮屑、昆蟲的屍體及排泄物、微塑膠粒。微塵粒被風吹起，經磨擦後就會產生靜電。部分粒子是正的，部分粒子是負的。我們的身體及鼻毛很多時都是帶正電的，由於正正相斥，我們呼吸帶正電的灰塵粒，鼻毛不能阻隔，吸入就會導致鼻敏感。

NAI 已經證實的：可以淨化空氣！

　　NAI 可以和帶正電的灰塵相吸而沉澱掉在地上，不會被吸入鼻腔，減少鼻敏感。 所以有空氣清新機用產生負離子的方法推銷，稱可以減低鼻敏感。但我家沒有安裝空氣清新機，因為用電能產生負離子的時候，同時會產生臭氧！在室內吸收太多臭氧並非好事，所以我倒不如去森林呼吸負離子。

NAI 未證實的：產生超氧化物（superoxide O_2^-）

　　超氧化物（superoxide O_2^-）可以消毒殺菌，但暫時未有任何證據證明森林、流水可以產生大量超氧化物，空氣清新機產生超氧化物消毒，就算是真的我都不敢用！

藍山與有機化合物

　　很多所謂藍山區，從遠處看會見到藍色的薄霧籠罩了整個地區。原來該區生長着不少桉樹，分佈在丘陵、山脈、山谷、峽谷和高原上。桉樹將大量的油類微粒排放到大氣中。當桉樹油、灰塵顆粒和水蒸氣在一起時，隨着陽光在天頂的照射，會產生散射現象（scattering）。而光線前進方向90 度的觀察者會見到藍色混濁的光，所以會見到山區變成藍色。

萬里長城用「膠水」黏合？

長城是人類史上最偉大的建築之一。化學人眼中的長城，是用膠水黏合而成的！

最早期的長城是由砂石、乾草、煮熟的五穀和水黏合而成。煮熟的五穀最常見就是米麥飯，有黏性，澱粉質有黏性可以將砂石貼合起來，但完全不能抵受風吹雨打及微生物的分解，更不能抵受敵人的強攻，所以完全無效。

最後期的長城是由原塊石頭砌出來的。為了加強石和石之間的黏力，以鞏固石牆壁，當時用的「化學膠水」是石灰水（calcium hydroxide，$Ca(OH)_2$）。

宋應星（明朝科學家）所寫的《天工開物》有關石灰的製法及用途如下：

「凡石灰，經火焚煉為用。成質之後，入水永劫不壞。億萬舟楫，億萬垣牆，窒隙防淫，是必由之。百里內外，土中必生可爇石。石以青色為上，黃白次之。石必掩土內二、三尺，堀取受爇；土面見風者不用。爇灰火料，煤炭居什九，薪炭居什一。先取煤炭，泥和做成餅，每煤餅一層，疊石一層，鋪薪其底，灼火爇之。最佳者曰礦灰，最惡者曰窯滓灰。火力到後，燒酥石性。置於風中，久自吹化成粉。急用者以水沃之，亦自解散。

「凡灰用以固舟縫，則桐油、魚油調厚絹、細羅，和油，杵千下塞艙。用以砌牆石，則篩去石塊，水調黏合。鑿墁，則仍用油灰。用以堊牆壁，則澄過入紙筋塗墁。用以襄墓及貯水池，則灰一分，入河沙、黃土二分，用糯粳米、羊桃藤汁和勻，輕築堅固，永不隳壞，名曰三和土。其餘造澱造紙，功用難以枚述。凡溫、台、閩、廣海濱石不堪灰者，則天生蠣蠔以代之。」

長城「膠水」的化學

1. 石灰是經火燒煉石灰石製成的。

石灰石是碳酸鈣（$CaCO_3$），受熱分解成氧化鈣（CaO）及二氧化碳（CO_2）：

$$CaCO_3 \longrightarrow CaO + CO_2$$

氧化鈣溶於水生成熟石灰（$Ca(OH)_2$），成糊狀：

$$CaO + H_2O \longrightarrow Ca(OH)_2$$

2. 石灰凝固以後，遇水永遠不會被破壞。

熟石灰加水就是石灰水，將石灰水倒入石罅隙，會變成石罅隙間的膠水黏合石塊。這是由於熟石灰慢慢吸收空氣的二氧化碳生成碳酸鈣。由於體積膨脹，壓實罅隙左右的石塊，石牆就變得很結實堅固。

$$Ca(OH)_2 + CO_2 \longrightarrow CaCO_3 + H_2O$$

3. 百里內外的土中，總會有可以燒成石灰之石。

浙江溫州、台州及福建、廣東沿海地區的石頭如不能燒成石灰，則有天然產生的牡蠣殼可作代用品。

香港西貢有個地方叫海下，海下古時盛產牡蠣（即蠔），蠔殼亦是碳酸鈣。海下到今天尚保存完整的提煉石灰的石灰窯，有空可以去看看哦。

奪命污水道

城市一般有兩種去水渠：雨水渠及污水渠。雨水渠的地面出口是圓形渠蓋，而污水渠是方形渠蓋。最近有些朋友好喜歡進入雨水渠的地下引水道進行攝影活動。個人並不鼓勵這種拍攝活動，因為有一定風險。進入污水道更加是極度危險！

地下污水道內的污水含有很多有機物，成分有碳（C）、氮（N）、硫（S）。正常有氧環境下有機物經微生物分解成二氧化碳（CO_2）、氮氧化物（NO_x）、二氧化硫（SO_2）。

但在缺氧環境下有機物會分解成甲烷（沼氣）（CH_4）、阿摩尼亞（氨氣）（NH_3）及硫化氫（H_2S）。

缺氧

沼氣無毒，但沼氣會排走周圍的氧氣導致污水道內缺氧，所以污水渠的清潔工人、維修工人要配備氧氣筒以供呼吸，才可以進入！

中毒

硫化氫不單臭，更超級毒。要用防生化級的防毒面具才能確保生命安全。

阿摩尼亞的毒性也非常強。

爆炸

而更嚴重的就是，靠近地面的出入口位置有小量氧氣，沼氣一旦混入氧氣再加上火花會馬上爆炸。

所以切勿隨便進入污水道！進地下水道這類密閉空間前，一定要先抽空氣樣本測試。進入時要戴上氧氣瓶、呼吸設備及通訊器材。水道地面出入口一定要有人監察着水道下面的情況，因為過去發生過不少事故，例如有人在水井下面暈倒，不幸失救而死，所以真的不要隨便進入地下水道。

表面張力：尿液有泡泡

分子同分子之間有「分子間引力（intermolecular forces）」，而水分子間的吸引力是比較強的「氫鍵（hydrogen bond）」。由於分子間有氫鍵，水有很強的「表面張力（surface tension）」。

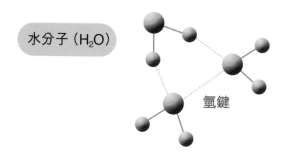

水分子（H₂O）

氫鍵

最簡單的顯示表面張力的實驗就是鋼針浮於水上。

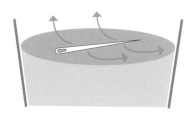
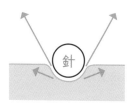

紙巾剪成正方形放於水上，
紙上面放上針。

紙濕透沉底，
針浮在水上。

　　表面張力與水能否形成氣泡有關。純水攪拌時不易形成氣泡，是因為水的表面張力太強，就算形成水的薄膜，氣泡一開始脹大就會拉爆水薄膜。不能形成氣泡。而肥皂水、洗潔精水、洗髮水、牛奶的表面張力比較低，所以攪拌時很容易形成氣泡。

　　口水和尿液都含有小量「蛋白質」及其他有機物，可以降低水的表面張力，所以可以很容易產生氣泡。小便時產生小量氣泡是正常的，但是如果氣泡分量突然增多，有可能是代表尿液內的蛋白質多了，反映你身體（腎功能）有一些問題、代謝可能出問題、過量運動、懷孕，又或者食物種類有很大改變。蛋白質會降低水的表面張力，小便時生氣泡。要多留意身體呀！

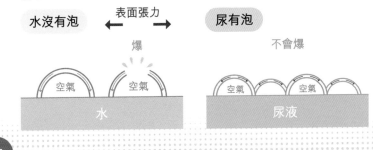

廁所味阿摩尼亞（Ammonia）

大家去公廁的時候，往往會聞到一陣尿味，但家中的廁所卻沒有尿味。尿味是什麼呢？

尿味其實就是氨（ammonia）的味。大家去公廁小便的時候，一不小心就讓尿液掉在地上。尿液內有水，亦有尿素／脲（urea，$(NH_2)_2CO$）。尿素被細菌分解，產生氨（NH_3），就有尿味。

$$(NH_2)_2CO + H_2O \longrightarrow CO_2 + 2NH_3$$

你見過白色的雀仔「屎」吧？原來那些白色固體其實是尿內的尿素，是重要肥料之一。氨是地球上最重要的化合物之一，由空氣可以製造氨，再製硝酸及炸藥。發生第一次世界大戰的原因，有歷史學家相信是與德國科學家哈巴（Haber）於1906 年發明了由空氣和水製造氨的方法有關。有了氨可以加速生產糧食，有了硝酸可以製造硝酸甘油炸藥，兩者都是備戰必須。

肥料
尿素 · 氨 · 硝酸氨
↓
糧食

　　如果你是運動員，你有可能從汗中聞到尿味，汗亦含有尿素。你亦有可能於受傷暈倒時聞過嗅鹽（smelling salt）（即碳酸銨 ammonium carbonate）的氨味。輕度暈倒時，放少許嗅鹽於鼻前，碳酸銨會分解：

$$(NH_4)_2CO_3 \longrightarrow 2NH_3 + CO_2 + H_2O$$

　　聞到小量氨會刺激到全身彈起，由暈變醒，所以碳酸銨稱為「呼吸刺激劑」（respiratory stimulant）。

火燒滙豐銅獅

滙豐銀行門口有一對銅獅子,有一次有人向銅獅淋上易燃液體再點火,「燒着」了銅獅,真的嗎?

金屬活性序(metal reactivity series)

鉀 > 鈉 > 鈣 > 鎂 > 鋁 > 鋅 >
鐵 > 錫 > 鉛 > 銅 > 汞 > 銀

銅並非活潑的金屬,同水、同空氣無反應。因此一大塊銅或銅粉都不可以在空氣中燃燒。此事實亦可由銅(copper)的化學品安全技術説明書(Material Safety Data Sheet)得知。

SECTION 5. FIRE FIGHTING MEASURES

Fire and Explosion Hazards: Massive metal is not considered a fire or explosion hazard. Finely-divided copper metal dust or powder has also been demonstrated to be non-flammable in laboratory testing. Explosions may occur however upon contact with certain incompatible materials (see Stability and Reactivity, Section 10).

Extinguishing Media: Use any means of extinction appropriate for the surrounding fire conditions such as water spray, carbon dioxide, dry chemical, or foam.

Fire Fighting: If possible, move solid materials from fire area. Cool any materials that are exposed to heat or flames by the application of water streams until well after the fire has been extinguished. Copper metal has a high melting point, and is unlikely to melt except in the most extreme fire conditions. If molten metal is present, do not use direct water streams on fires, due to the risk of a steam explosion that could potentially eject molten metal uncontrollably. Use a fine water mist on the front-running edge of the spill and on the top of the molten metal to cool and solidify it. Fire fighters must be fully trained and wear full protective clothing including an approved, self-contained breathing apparatus which supplies a positive air pressure within a full face piece mask.

(來源: Teck)

爲什麼銅獅子會着火呢？

當電油淋在銅獅上，點火只會燃點着電油，由於電油是「非完全燃燒（incomplete combustion）」，會產生碳微粒，而受熱的碳微粒放出黃色光，所以會見銅獅冒出橙黃色火和黑煙。

銅雖然不能燃燒，但燃燒電油的火加熱銅的表面，可以放出少許銅原子，造成「綠色火」，而表面會生成黑色的氧化銅 (II)（copper(II) oxide）。一旦出現氧化銅 (II)，就會隔開銅和空氣，反應立即停止，所以你不能見到持續的綠色火！

> (s) 代表固體 solid
> (l) 代表液體 liquid
> (g) 代表氣體 gas

$$2Cu_{(s)} + O_2{}_{(g)} \longrightarrow 2CuO_{(s)}$$

如何將黑色的氧化銅 (II) 變回銅？

最簡單的方法就是用「牙膏」或「省銅膏」拋光磨掉它。當然會磨掉少許銅，但銅獅體積大，磨掉少許銅沒有太大分別。

也可以把整隻銅獅子放在氫氣倉內加熱，將「CuO」還原成「Cu」：

$$CuO_{(s)} + H_2{}_{(g)} \longrightarrow Cu_{(s)} + H_2O_{(l)}$$

不過要將整隻獅子運入廠裏還原的工程好大！

無處不在的苯（Benzene）

1. 苯（benzene，C_6H_6）是一個六角型分子。本身有毒，亦為致癌物！苯本身有香味（所以稱為芳香族化合物 aromatic compound），苯吸收得多就會中毒或患白血病！你小時候玩過的吹波膠就是用苯或甲苯（methylbenzene）製造，所以要在通風地方玩。

2. 苯最早期來自煤的破壞蒸餾（destructive distillation）。百幾年前，英國很多煤礦工人中毒後，科學家才發現苯的毒性。到今日世上尚有不少中苯毒的煤礦工人。

3. 我以前在大學有機化學實驗室工作時，常用苯做實驗，甚至用苯洗手，直至有一天苯的致癌性（白血病）被證實，大部分實驗室都轉用比較低毒性的甲苯（methylbenzene）！

4. 多年前在法國礦泉水品牌 Perrier 的樽裝水內發現苯，要回收。後來才知這些苯是由洗衣粉／洗潔精經大自然分解而來，進入了地下水。

5. 很多藥物如 Panadol、亞士匹靈（aspirin）都有六角形苯環。連催淚彈內的成分 CS 都有苯環，二噁英亦有苯環。

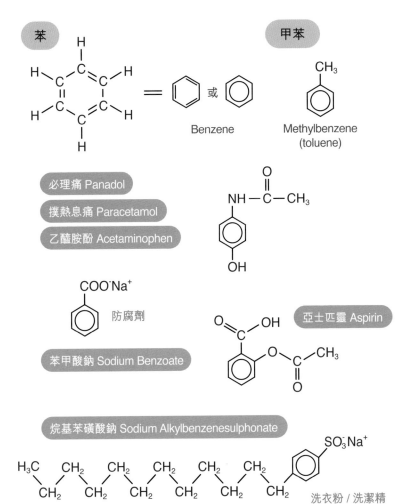

苯

Benzene

甲苯

CH_3

Methylbenzene
(toluene)

必理痛 Panadol

撲熱息痛 Paracetamol

乙醯胺酚 Acetaminophen

防腐劑

亞士匹靈 Aspirin

苯甲酸鈉 Sodium Benzoate

烷基苯磺酸鈉 Sodium Alkylbenzenesulphonate

洗衣粉 / 洗潔精

如何避免接觸苯或苯環呢？

由於含有苯環的產品太多太多，你不可能避免！

· 白電油有，無鉛電油有，硬膠聚苯乙烯（PS）有，發泡膠有，汽水有（其中防腐劑苯甲酸鹽會同維他命 C 生成苯），萬能膠也有苯。

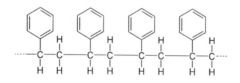

聚苯乙烯 Polystyrene

· 地下水都有！

· 燃燒膠更危險，因為燃燒 PS 膠可以產生苯的兄弟——PAH（polycyclic aromatic hydrocarbons），也可致癌。

多環芳香烴 Polycyclic Aromatic Hydrocarbons

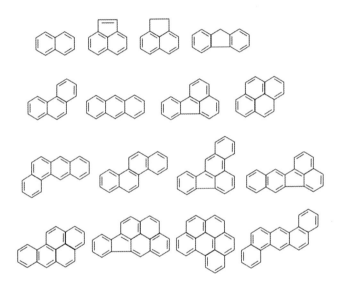

- 飲可樂會中苯毒？錯，因為含量太少，而 dose makes the poison（物質的毒性由劑量決定），所以沒有問題。

- 所以用含苯產品的時候，一定要小心！

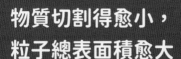

我們常用的一次性口罩都是由一種稱為聚丙烯（polypropylene，PP）的塑膠造成聚合物製成的。口罩內有兩種纖維：一種粗的纖維稱為紡黏布（spunbond），另一種幼的纖維的稱為熔噴布（meltblown），為什麼紡黏布的過濾效能不及熔噴布呢？

1. 假設一個口罩有 1 克熔噴布原料：

   b. 如果造成一個立方體，表面積是 6.66cm^2（平方厘米）。

   c. 如果拉成直徑 0.2 mm 的口罩面層的 spunbond 纖維，表面積是 234cm^2。

   d. 如果拉成直徑 10μm（10 微米）的口罩中層 meltblown 纖維，表面積是 4680cm^2。

   e. 如果拉成直徑 5μm 的口罩中層 meltblown 纖維，表面積是 9360cm^2，大如一張桌面。

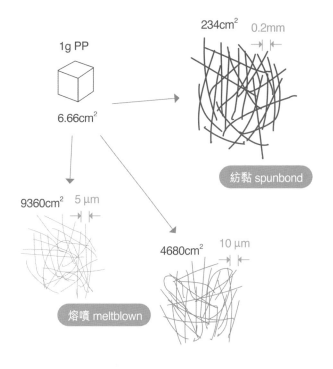

2. 如果用直徑 5μm 的優質 meltblown 纖維去做口罩,就有一
   張桌面般大的面積去吸附或阻隔 2-200μm 的微細飛沫。

3. 「同一重量物質，切得愈小，表面積愈大」，有很多日常生活
   例子與這個規律有關：

   a. 羅宋湯內的蔬菜切得愈小，愈容易煮出味道，湯就更美
      味。

   b. 外出後，全身最髒的地方是頭髮，因為頭髮的總表面積
      很大，可以吸附很多髒物。燒烤後頭髮會很臭就是這個
      原理。

   c. 一整袋麵粉較難燃燒，不算太危險。但如果麵粉被風吹
      到四散，成為麵粉塵，只要有一點火花就可以引起爆
      炸。台灣 2015 年粉塵爆炸意外就是因此發生。

   身體上的毛髮就是利用表面積大的原理去幫助汗水蒸發，
從而降溫，陰部同腋下的毛也是同樣原理，所以切勿隨便去脫
毛呀！高溫及高濕度會滋生細菌的！

快樂之源多巴胺（Dopamine）

吃朱古力、foreplay 20 分鐘、運動超過 30 分鐘，是否更快樂呢？

😆 你有沒有發覺吃朱古力時，原本想吃一粒而已，誰知吃了第一粒後，你就認為多吃第二、第三粒都沒所謂。最後全部吃光，吃了 200 克朱古力！

😍 進行性行為時如果 foreplay 時間超過 20 分鐘，你和你的 partner 都會更 high。

🚶 行山或跑步到達終點 / 目的地時，你會好 high。返抵家後雖然周身骨痛，但這種開心的感覺會促使你想再行或跑。

為什麼會這樣呢？全因為快樂分子「多巴胺（dopamine）」的功效。2000 年諾貝爾生理學 / 醫學獎得主，就是研究「多巴胺」而得獎。多巴胺是大腦神經傳遞物質，增強專注力、享受感、愉快感和幸福感。

多巴胺

朱古力

含有「咖啡因（caffeine）」、「苯乙胺（phenylethylamine）」、「酪胺（tyramine）」，全部都可以刺激多巴胺的分泌。

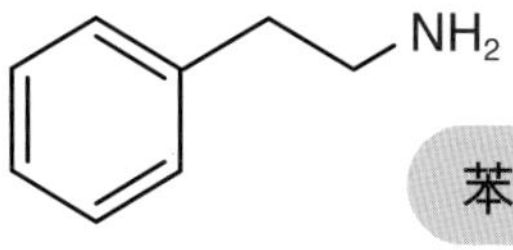

苯乙胺

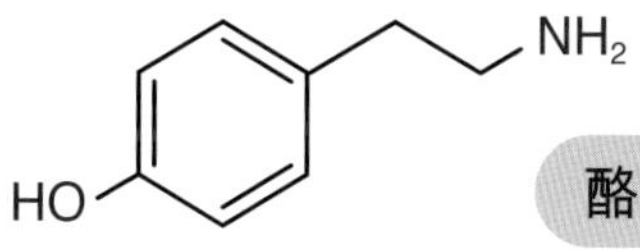

酪胺

前奏太短：fail

Foreplay 時，會刺激大腦分泌多巴胺，從而產生「睾丸酮（testosterone）」，當你體內睾丸酮水平上升後，你就感覺更 high。但要注意，看色情片 / AV 片會改變大腦多巴胺受體的敏感度。即看得 AV 片愈多，反應就變得愈不敏感，那就前奏多久都沒用了。

多點運動啊！

有「重心遷移」的運動，特別容易刺激多巴胺分泌和受體的敏感度。可能這就是跑步機不夠實地跑步那麼 high 的原因。

酪氨酸（tyrosine）

這是一種可以製造多巴胺的氨基酸（amino acid），所以進食含有較多酪氨酸的食物都可以間接增加多巴胺，例如：蘋果、香蕉、杏仁、蠶豆、牛油果。而動物產品，例如牛奶、芝士、肉類更有大量酪氨酸，到此你明白為何不吃肉類的和尚會「四大皆空」啦！

酪氨酸

凍到 high high

我去日本溫泉，常常去浸凍到要命的「水風呂」，愈浸愈上癮。開始時不明原因，後來才知冷凍可以增強大腦多巴胺受體的敏感性！研究證明冷水浴有助治療抑鬱症！所以你真的可以凍到 high ！

硝酸甘油（Nitroglycerin）

甘油可以護膚，亦可以造炸藥。

化學迷：這個是什麼反應？

$$ROH + HONO_2 \longrightarrow RONO_2 + H_2O$$

A. Neutralization 中和　　C. Esterification 酯化

B. Redox 氧化還原　　D. Acylation 酰化

如何由甘油造炸藥？很簡單的化學反應！

甘油加硝酸（HNO_3），在「合適條件下」，會生成「硝酸甘油（trinitroglycerin）」炸藥。

甘油　　　　　　　　　　　　硝酸
$$HO-CH_2-CH(OH)-CH_2-OH + 3HONO_2 \text{（即 } HNO_3\text{）}$$
$$\longrightarrow O_2NO-CH_2-CH(ONO_2)-CH_2-ONO_2 + 3H_2O$$
硝酸甘油

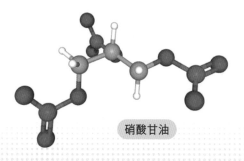

硝酸甘油

硝酸甘油本身就是男女共處一室：
氧化劑及還原劑共處一分子

　　硝酸甘油有個特性，就是同一分子裏面有齊氧化劑（OA）及還原劑（RA），所以硝酸甘油自己都很易自然發生氧化還原反應，劇烈的情況下就是爆炸！（詳見 54 頁）但硝酸甘油也是易揮發的液體 *，很容易在存放過程中蒸發掉，所以硝酸甘油不適合單獨用來造炸藥。185X 年開礦、築路都只是用中國發明的黑色火藥。

* 甘油（有氫鍵沸點 290℃），硝酸甘油（沒有氫鍵沸點 50℃）

硝酸甘油並非諾貝爾發明的！

　　由於硝酸甘油很容易自己爆炸，非常危險。硝酸甘油液體由試管離地 1.5 米滴落地面已經可以爆炸！最早期製造出來的硝酸甘油，是一種極危險的爆炸品。諾貝爾父親的炸藥廠，就是研究如何「安全地」用硝酸甘油製造炸藥。但試過不同比例混進黏土、木碎、黑色火藥（中國發明），結果都不太安全！

PK 救地球

　　香港人叫「摔倒」做 PK。諾貝爾家族一向研究「安全炸藥」，可惜一個意外諾貝爾的工廠發生爆炸，事故中他痛失弟弟。諾貝爾因此將硝酸甘油的實驗室搬到一艘船上，以減少一旦發生爆炸的傷亡。他要研究出如何使硝酸甘油變成「安全炸藥」，但同時又保持強大的爆炸力。

　　有一次他大概已經弄清楚合適的化學比例，正拿着一瓶硝酸甘油走上船之際，突然不慎 PK，將該瓶硝酸甘油打翻在泥地上，瓶子立即摔破，他以為就此完蛋，誰知竟然沒有發生爆炸！原來該種泥土是矽藻土，吸收了硝酸甘油後，需要點火才會爆炸，大大提高了硝酸甘油的安全性。這樣諾貝爾就研究出安全炸藥「Dynamite（達拉姆炸藥）」。

諾貝爾獎

　　諾貝爾申請了 Dynamite 專利後，全世界都用他的產品開礦、做工程，同時 Dynamite 亦是戰時用的主要炸藥。他賺到大錢後，搞了個諾貝爾獎，鼓勵了眾多科學家為爭取此獎而創造了無數拯救地球的科學發明。

答案：C

增塑劑 / 塑化劑

塑化劑？起雲劑？

2011 年，台灣食品添加劑「起雲劑」內發現有「塑化劑」DEHP（毒性較強）和 DINP（毒性較低）。2019 年底上海著名鞋廠部分鞋款被發現塑化劑超標而下架。

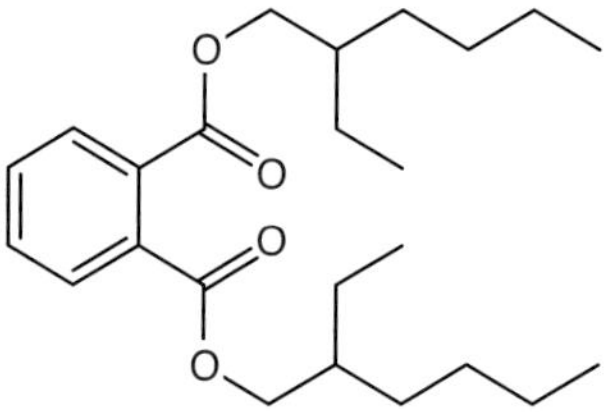

DEHP

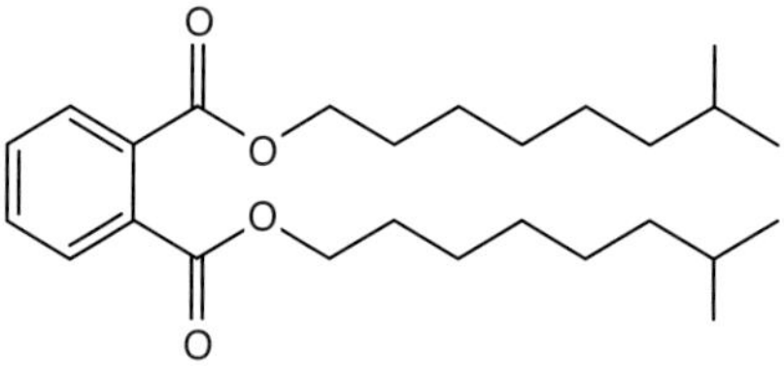

DINP

哪種塑膠有塑化劑？

3 號塑膠聚氯乙烯（polyvinyl chloride，PVC）（詳見 48 頁）。塑化劑以「鄰苯二甲酸酯（phthalates）」為主。塑化劑主要用來增加「聚氯乙烯（PVC）」膠的柔軟度。硬的 PVC 產品，如污水喉管、電腦外殼、電線喉管等都不含塑化劑。但「半

硬／中度軟」的 PVC 產品如椅子、地板、地磚等，塑化劑的比重佔 10-30%。而柔軟的 PVC 產品例如電線外層、類似「保鮮紙」的包裝膜（網購超常用！）、食品包裝紙、玩具、文具、容器、桶、櫃、醫療器材、人造皮、拖鞋等等，塑化劑的比重更高達 50%。

所有軟的 PVC 都有 2 個特性：

a. 很臭的「膠」味（其實主要是塑化劑味）。

b. 過一、兩年會因為塑化劑蒸發掉而產生龜裂。由於大部分 PVC 都有不同程度的塑化劑，軟的 PVC 製品相對地較難回收再造！

其他物料也含鄰苯二甲酸酯

鄰苯二甲酸酯亦用於：

a. 快乾建築材料如水泥、石膏。

b. 化妝品的「定香劑」（帶香味的指甲油、香水、唇膏、沐浴露、洗髮水、護膚乳都有）。

c. 「分散劑」（用途和表面活化劑相類似），如黏合劑、塗料、油墨、殺蟲劑、噴漆。

爲什麼塑化劑那麼可怕？

鄰苯二甲酸酯是日常生活中常接觸到的化學物質，而世界各地都公告它為「環境荷爾蒙」，經皮膚、口、鼻進入身體會影響內分泌系統，加速男童女性化、女性早熟。其中 DEHP 更可能為致癌物（possible/probable carcinogen）。某些含有塑化劑的玩具，亦發現有導致女孩早熟的現象。大家要小心含塑化劑的製品呀！

塑化劑對其他生物的影響

大自然的動物，雌性及雄性的分佈本來應該是 1 比 1 的。但最近，雌性數目比雄性高了些，其中一個原因是散佈於大自然的塑化劑。

K. Kwong 肥肚變炸藥

脂肪也可以做炸藥！K. Kwong 有很多學生是醫生，有一次醫生叫我減肥，建議可以做抽脂減細我的肥肚。利用真空吸收器連金屬吸管，經皮膚的小切口進入皮下，將脂肪組織抽出。

學生好奇問我：抽出來的肥膏有什麼用途？

1. 肥膏是脂肪，亦即是三酸甘油酯，是甘油和脂肪酸經酯化作用（esterification）形成的固體或液體。其中脂肪酸碳鏈中雙鍵少的是熔點高的脂肪（fat），而雙鍵多的是熔點低的油（oil）。由於脂肪或油都是不同長鏈的脂肪酸構成的混合物，所以只有某一溫度區域的熔點，只有純正物質（非混合物）才有很窄的熔點區間。

| 甘油 | 脂肪酸 | | 三酸甘油酯 |

$\square$— COOH: 脂肪酸

尾巴部分（▭）

e.g. CH_3 —— $(CH_2)_{16}$ ——（飽和）——→ **脂肪**

CH_3 —— $(CH_2)_7$ —— $CH = CH$ —— $(CH_2)_7$ ——（不飽和）——→ **油**

2. K. Kwong 抽出來的肥膏可以做加鹼水解（alkaline hydrolysis）造成肥皂和甘油。

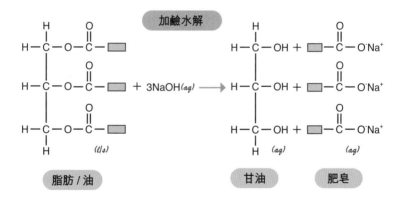

3. 肥皂可以洗手，除去保護細菌病毒的脂肪外層，以消滅細菌病毒。

4. 甘油可以和硝酸（HNO_3）反應，做成心絞痛藥硝酸甘油（trinitroglycerin）。（詳見 39 頁）

5. 而硝酸甘油就是製造諾貝爾發明的達拉姆炸藥（矽藻土炸藥）的原料，原來肥肚都可以做炸藥原料！

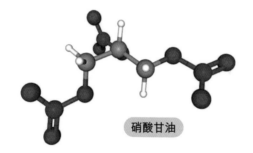

硝酸甘油

聚氯乙烯
(Polyvinyl Chloride，PVC)

PVC 是什麼？

PVC（3 號塑膠）是一種以前常用的塑膠($-[-CH_2-CHCl-]_n-$)，含有氯（Cl）。PVC 由多個「單體（monomer）」氯乙烯（vinyl chloride，又稱 VC，$CH_2=CHCl$）經過「聚合作用（polymerisation）」而成。

硬膠？軟膠？

純 PVC 質地比更常用的塑膠 PP（5 號塑膠）和 PE（2 號 HDPE 膠或 4 號 LDPE 膠）「硬」。硬的純 PVC 加入「塑化劑（plasticiser）」（又稱增塑劑，是「油溶性」添加劑）就可以變成軟「膠」，造成人造皮革、雨衣、鞋、乾濕褸、（從前的）玩具、地板、仿橡膠、防水帆布、椅。沒加塑化劑只可造污水喉、（非食品用）桶、黑膠唱片。

爲什麼日用品的 PVC 會被 PP 和 PE 取代？

因為有毒！PVC 可軟可硬，以前是製造玩具的主要塑膠。今日有部分廉價膠鞋都是用 PVC 造的。但近年 PVC 已經被其他塑膠取代，因為雖然 PVC 本身無毒，但單體 VC 有毒。用 PVC 包裝食品就愈來愈少見。

更加嚴重的是：雌激素！

　　PVC 的塑化劑「鄰苯二甲酸酯（phthalates）」亦是一種環境激素（與女性荷爾蒙類似），所以 PVC 在外國已絕少用於食品包裝及玩具。不過未有規管 PVC 的國家依然有 PVC 用於食品包裝容器上，例如飲品瓶上面的標籤紙、化妝品瓶等。幾十年前的即食麵內的麻油包裝袋都是 PVC ！PVC 用久了會慢慢釋放出塑化劑，然後慢慢變硬變脆。你用了很久的那張人造皮沙發會變脆皮就是這個原因。假如你裸睡在沙發上，你的皮膚隨時吸入「油溶性」塑化劑，亦即是吸了類雌激素（那會如何？更女性化？）小朋友最易吸收到塑化劑就是透過玩具、拖鞋及小部分 PVC 膠水樽。（詳見 42 頁）

影印機也會放出有毒氣體！注意要通風！

　　PVC 受熱時，亦會慢慢放出塑化劑及單體 VC。影印機或激光打印機的所謂「碳粉」其實是被 PVC 膠包着的碳粉，當激光照射到激光感應鼓就會產生靜電，感應鼓上帶有靜電的部分會吸上一層碳粉，碳粉從感應鼓轉移到紙張，之後紙張附在加熱滾筒上，其熱力令碳粉表面的 PVC 熔掉，於是碳粉就能固定印在紙張上面。下次在影印機旁你會知道自己嗅到的是什麼：臭氧（高壓電產生）、VC 及塑化劑！

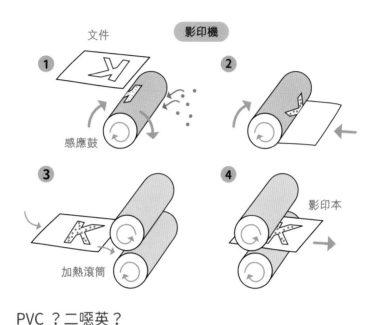

文件

影印機

① 感應鼓

②

③ 加熱滾筒

④ 影印本

PVC？二噁英？

　　很多種塑膠都易燃，但 PVC 較難燃，很容易在燃點後就熄滅（所以到今天電線還是用 PVC 包裹）。

　　以下是化學迷才會明：因為 PVC 燃燒時會放出氯自由基（chlorine radical），氯自由基會終止燃燒的連鎖反應（terminates combustion chain reaction）。但如果高溫燃燒它可以釋出二噁英，有學者曾用電子圖去解釋如何燃燒 PVC 生成 $CH_2=CHCl$，即 VC，再電子跳跳跳，跳到出 chlorinated benzene，再變成很穩定的二噁英 TCDD（含 4 Cl）和 OCDD（含 8 Cl），中間亦有 3 Cl、5-7 Cl。總言之燃燒 PVC 就沒有好處！所以日本這些先進國家會將焚化垃圾產生的廢氣再以 850℃ 高溫加熱一段時間，將二噁英燃燒成二氧化碳（CO_2）、水及 HCl（有害物質，之後再用石灰或其他鹼性物質吸收）。

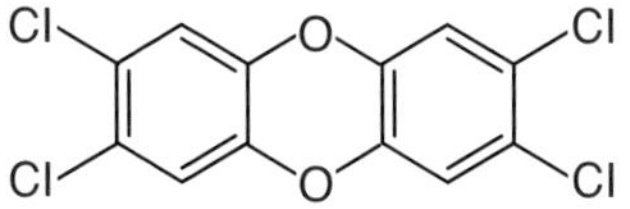

TCDD

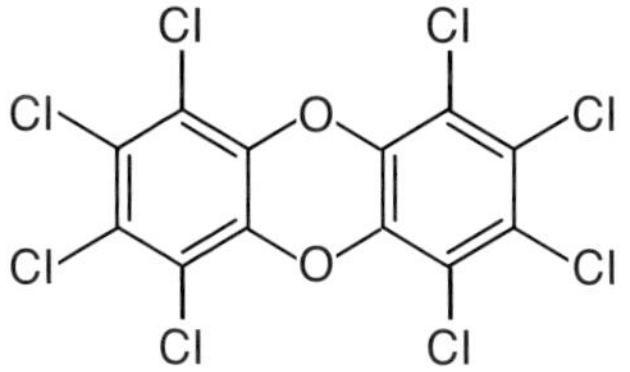

OCDD

　　香港的火葬場為什麼要遠離民居呢？青衣島東南（Google map 座標：22.330575，114.107663）為什麼不興建屋邨呢？答案自己猜！

沸騰延遲（Superheating）

　　有大學學者認為催淚彈成分 CS 的沸點是 310℃，所以催淚彈內有放熱反應發生，所產生的熱都會在蒸發 CS 過程中消耗掉。所以催淚彈內溫度最高只達 310℃，不能分解 CS 放出二噁英？正如你在室內燒水也不會高於 100℃！對嗎？

　　當然不是！

　　大家有沒有聽過沸騰延遲（superheating）呢？即使在家中，大家都很容易就燒到 120℃ 的水！

　　沸騰延遲（或過熱現象）是指液體被加熱到沸點以上的溫度而不出現沸騰的現象。沸騰的時候如果液體內含有小量不溶於液體的雜質或容器內有凹凸平面，氣泡容易形成，沸騰的溫度就是液體的沸點。如果你用多孔的瓦杯盛載自來水放入微波爐加熱，由於氣泡容易在杯的內壁形成，水到 100℃ 就會沸騰。

　　但是如果用乾淨的玻璃杯，在微波爐內加熱蒸餾水，由於蒸餾水內沒有固體雜質，而玻璃杯面亦光滑，氣泡不易形成，就會出現沸騰延遲。

　　沸騰延遲的液體如果受到攪動，液體就會立即全部沸騰，

非常危險！所以大家用微波爐將玻璃杯內的水加熱時，要特別
小心！

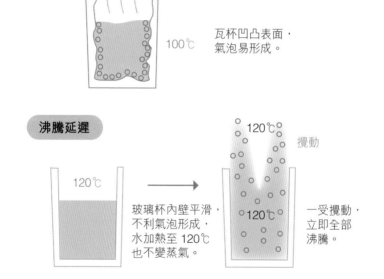

正常

100℃ 蒸氣

100℃

瓦杯凹凸表面，
氣泡易形成。

沸騰延遲

120℃

玻璃杯內壁平滑，
不利氣泡形成，
水加熱至 120℃
也不變蒸氣。

120℃

120℃

攪動

一受攪動，
立即全部
沸騰。

男人女人共處一室：爆炸！

少年時候，家長一般禁止孤男寡女共處一室，彷彿會有不軌的事情發生。化學反應其實和孤男寡女擦出火花一樣，最終可導致爆炸。

1. 化學物質可分為兩大類：

   - 一種好比「男人」，屬於還原劑（reducing agent），簡稱「RA」，最愛失電子。簡單來講，大多數 RA 就是有碳（C）、氫（H）和金屬粉末的物質。

   - 一種好比「女人」，屬於氧化劑（oxidizing agent），簡稱「OA」，最愛收電子。簡單來講，大多數 OA 就是含氧（O）的物質。

2. 男人同女人結合，精子遷移到女士身上，產生能量。

3. RA 同 OA 結合，RA 的「電子」（不是精子）就去到 OA 裏，過程中產生能量。

$$2H_2 + O_2 \longrightarrow 2H_2O + 能量$$

（RA）　（OA）　　　　（水，非 RA / OA）

4. 我們食用的碳水化合物，例如 RA 葡萄糖（$C_6H_{12}O_6$），可考慮為 6C (RA) + 6H_2O (非 OA / RA)，會在呼吸過程中，與 OA 氧氣結合反應，產生能量，所以我們要進食才有能量。

$$C_6H_{12}O_6 + 6O_2 \longrightarrow 6CO_2 + 6H_2O + 能量$$

（RA）　　（OA）　　　　　（二氧化碳和水
　　　　　　　　　　　　　　均非 RA / OA）

5. 如果適量地配合 RA 和 OA，在密封的空間裏點火，結果不是呼吸，亦非燃燒，而是爆炸！這個就是炸藥的製法。

6. 中國古代的黑色火藥，RA 是炭（C）和硫磺（S），而 OA 就是硝 / 硝石（$NaNO_3$）。RA、OA 二物混合點火，就會產生爆炸。雖說中國四大發明之一的「火藥」如此厲害，但為何後來滿清會敗給外國的「炸藥」呢？其中一個原因就是黑色火藥開槍之後，會產生大量黑煙。於是敵人很容易就察覺到清兵開槍開炮的位置，加以狂攻，任你如何人強馬壯也不夠犧牲！

7. 外國的炸藥有別於黑色火藥，中國火藥的 OA 和 RA 是分開兩種材料再混合。而外國炸藥 OA 和 RA 在同一個

分子裏面（男女共處一室）。出名的有 TNT、苦味酸、
硝酸甘油、TATP。

TNT

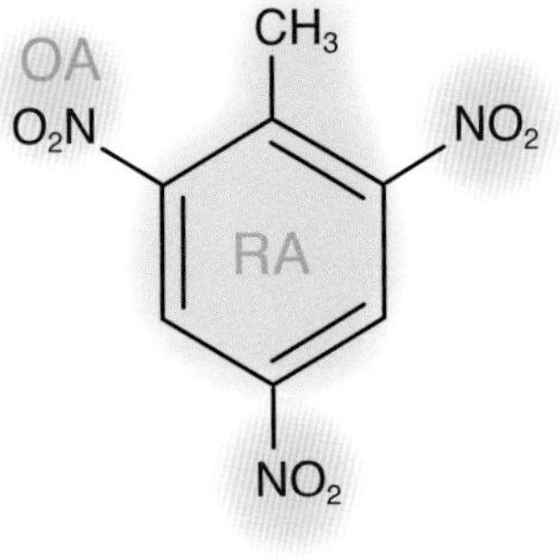

苦味酸

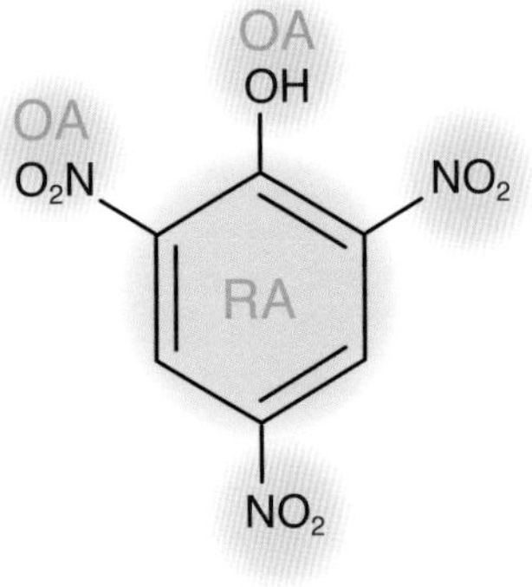

硝酸甘油

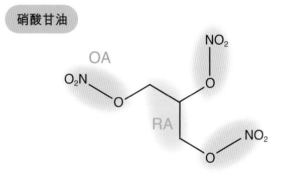

TATP

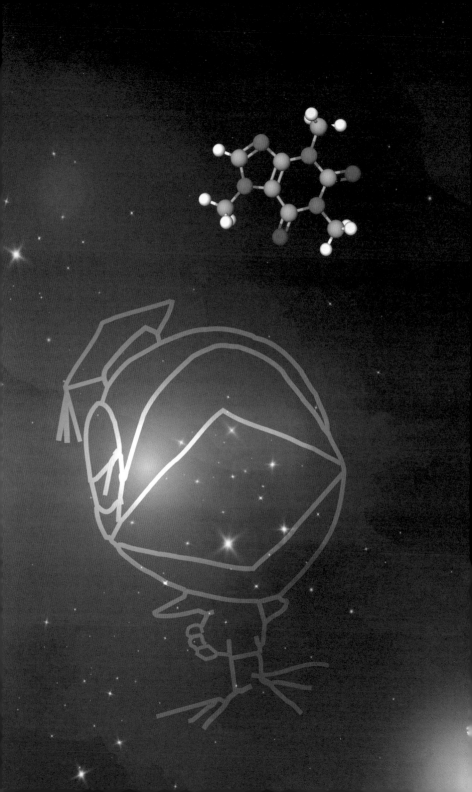

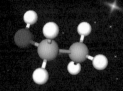

飲 食 篇

你真的知道放進口裏的是什麼嗎？

家用濾水器、我吃了刀子！

家用濾水器

　　香港人物質富裕，往往買了一些有用但不太安全的產品。過去多年，教過很多學生，部分已經是大貿易公司的總裁。他們都很尊師重道，認為有用的新產品，總會送樣本給我試用。但我是一個要求嚴謹的測試員，多數產品我試完後都不會用。

　　最近一個產品是家用濾水器，標榜除去水中所有雜質，包括鐵鏽、氯氣及其他有害物質。其實商用濾水器各位都一定用過，很多食肆的冷水、冰水就是用商用濾水器過濾的。商用濾水器是肯定有用的，因為他們的用水量固定，每小時都有水經過濾芯，濾芯固定時間會更換，所以過濾出來的水，質素一般有保證。

　　家用濾水器，由於用水量不固定，未必每小時都有水經過濾芯，用家往往數個月才換濾芯一次。問題就來了！

1.　不能過濾有毒金屬離子。濾芯是由活性炭、多孔陶瓷物料或塑膠物料、蛭石造成。活性炭過濾有機有毒物質，包括由氯氣產生的含氯有機物，如哥羅芳（$CHCl_3$），而多孔性物質物料過濾砂石、鐵鏽等。但溶於水中的無機離子是不能過濾的。雖然有些「逆滲透」過濾器可以過

濾無機離子，但這些都是商用的型號，家用產品甚少。

2. 濾芯表面積太大，如果不是每小時都有水流過，鐵鏽及其他養分會加速細菌在濾芯生長。如果每次使用時，不先用水沖走濾芯內的細菌，其實對健康肯定有影響。

我就是要食鐵鏽及其他微量金屬離子！

你知否你家中的菜刀，每過一段時間就要打磨，因為鐵磨掉了，並隨着你進食的食物，為你的身體補充鐵質！換句話說你吃了你的刀子！我們人體就是要這些微量的金屬原子補充我們所需，例如鋅同繁殖力有關。

當然有部分重金屬的離子是有毒的，但是由於濃度太低，而過濾器亦不能將它們除去。所以我不需要安裝過濾器！

謹慎使用塑膠餐具

香港人很喜歡打邊爐（火鍋），打邊爐時用塑膠筷子是否安全呢？我們常用發泡膠盒盛載快餐食物，又是否安全呢？

香港常用的三種製造餐具的塑膠：

1. 聚丙烯（polypropylene，PP）：主要用來製造微波爐餐具、膠盒，可以抵受高溫達 120℃，但一般打邊爐時不會用到。

聚丙烯（PP）

2. 聚苯乙烯（polystyrene，PS）：常用於製造快餐店白
   色或透明的餐具及發泡膠，不能抵受高溫，100℃已
   經開始軟化，PS 餐具放進熱的食物中也會屈曲的。
   一般打邊爐不會用到。發泡膠另有嚴重的缺點，就是
   可溶於油中。你外賣的肉絲炒麵，一般是放在發泡
   膠盒中，其實有部分發泡膠是會溶於炒麵的食油內
   的，當然也進了你的口。但也不必太擔心，因這種膠
   不太毒。

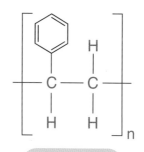

聚苯乙烯（PS）

3. 三聚氰胺（科學瓷）：常用於製造筷子、匙羹、碗、
   水杯，快餐店、茶餐廳一般都有用，是一種較硬的塑
   膠。三聚氰胺塑膠全名是「三聚氰胺甲醛（melamine-
   formaldehyde resin）」，是由三聚氰胺跟甲醛組成的塑
   膠。三聚氰胺你必定聽過，是有毒的，甲醛更嚴重，是
   致癌的！

三聚氰胺甲醛塑膠要按一定比例的三聚氰胺及甲醛來製造。如果比例不當，某一種成分多了些，造出來的塑膠，不論如何使用都會慢慢釋放剩餘的物質出來。

三聚氰胺甲醛

使用比例準確的優質三聚氰胺甲醛塑膠餐具來盛載凍或室溫的食物是安全的。但亦不代表完全沒有風險，特別是用來裝油分多及溫度高的食物。因為三聚氰胺甲醛不能受熱，高於攝氏三十多度的水已經可以分解並釋放餐具中的三聚氰胺和甲醛。即是只要你不小心把三聚氰胺筷子放進打邊爐的熱水裏，或把膠匙放於熱湯之中，便會增加釋放三聚氰胺和甲醛的風險。當然偶然一用是沒有什麼大問題的。

4. 別以為三聚氰胺甲醛很危險，其實有無良商人會用更低
   成本製作的脲甲醛（urea-formaldehyde resin）製成膠
   餐具，那就更加危險。表面上它跟三聚氰胺甲醛極相
   似，難以分辨，毒性更高而且更易分解釋出甲醛。

所以簡單來說，就是所有塑膠食具受熱時都具有風險，特
別在打邊爐時使用。

那麼，什麼材料的餐具才安全呢？金屬餐具同樣不能亂選
亂用，要找有質素的，因為有些金屬內有雜質，甚至重金屬，
在高溫下、酸性條件下同樣會溶解出來。

相對來說，木製和竹製餐具是最安全的，唯一擔心的是內
含防腐劑，但它們的防腐劑一般是二氧化硫，會溶於水，溶於
水後便沒有毒性。

切勿用漂白水或次氯酸
替自己或食物消毒

你在游泳池游泳，卻沒有戴游泳鏡，游了一會眼睛感覺刺痛，你以為是泳池水消毒用的氯氣刺痛眼睛？你錯了！

其實泳池水內刺痛眼睛的並非氯氣，而是「氯胺（chloramine，NH_2Cl）」呀！

$$H\cdots N \overset{|}{\underset{H}{\Big|}} Cl \qquad 氯胺$$

泳池水內有人類排出的尿素（urea）、氨（ammonia，亦可由尿素產生）。氨和池水消毒用的氯氣（Cl_2）或漂白水（OCl^-）在 pH8-11 生成有毒及有刺激性的氯胺！

$$\underset{尿素}{(NH_2)_2CO} + H_2O \longrightarrow 2NH_3 + CO_2$$

$$Cl_2 + H_2O \longrightarrow HOCl + HCl$$

$$HOCl \longrightarrow H^+ + OCl^-$$

$$OCl^- + NH_3 \longrightarrow \underset{氯胺}{NH_2Cl} + OH^-$$

你皮膚上有汗，汗有尿素和氨。如果你用漂白水（含 NaOCl）或次氯酸（HOCl）替自己皮膚消毒一定生成氯胺，會刺激皮膚。

再嚴重的就是用漂白水或次氯酸來消毒食物，很容易產生有毒的「含氯有機物」。例如東江水含有的有機物，在食水消毒時，會產生致癌物三氯甲烷（trichloromethane，$CHCl_3$），又名哥羅芳（chloroform）。幸好加熱會把 $CHCl_3$ 揮發掉！

以前我好喜歡吃罐頭磨菇，後來才知道用次氯酸漂白，我現在已經少買了！

有機食材真「有機」？

　　近年很流行強調買有機農作物，彷彿「有機」就是好東西。真的嗎？

　　農藥肥料是現代農業大量生產所需。肥料提高生產量，農藥提高產品質素。而大部分肥料及農藥都是化學工業產品，而非天然有機的「糞便」、「除蟲菊」可以匹敵。一噸化學肥料為植物所提供的養分，要約二噸「糞便」加大量水及燃料（運輸用）才可以提供。而沒有加農藥的植物，更需要浪費大量人手、能量及水去選擇沒有壞掉的植物蔬果以供食用。而棄掉的植物蔬果，雖然可以再造成有機肥料，但是亦浪費了極多能量，加劇地球溫室效應。

　　我自己很少購買「有機」農產品，因為大多數「有機農產品」比「化學農產品」都用了較多地球資源去生產。而「無機」農產品便宜很多。

圖中是有使用化學肥料及農藥種植的番薯，很好吃。

> **食譜**
>
> $15 三磅番薯，用電蒸籠水蒸 30 分鐘，
> 再用 140°C 焗爐焗 15 分鐘或焗到流糖為止。
>
> 吃起來像栗子一樣美味！

由便宜價格可知，這些番薯一定有農藥。其實所有平價農產品都有農藥，但植物根部一般比菜葉、果實部分少很多農藥。而菜葉部分如果爛葉較多，會比爛葉較少的蔬菜少一點農藥。

番薯和薯仔我一定會瘋狂洗刷表皮，因為上面有「防霉劑」！而我會連皮食，吸收皮的營養及纖維素。

為什麼我不怕皮上的農藥？因為我信科學，dose makes the poison，即「物質的毒性由劑量決定」原理。經過多次洗刷，表皮上的農藥已經洗去七七八八。

我剛剛喝完一杯含有多過 200 種致癌物的咖啡，我喝咖啡已經幾十年，每日 2 至 3 杯。但我不害怕，因為 dose makes the poison，要一日飲 50 杯才有機會出事。科學就是用數據去支持行為的合理性：小量毒物不足以構成毒性。

飲吧，飲勝！

可樂加雪糕：超濃泡泡

1. 我很喜歡喝可樂，可樂用不同的容器盛載，會有不同的味道。最好喝是玻璃樽細支裝（最多氣），之後到鋁罐裝，最不好喝就是兩公升膠樽裝（最少氣）。

2. 可樂是二氧化碳氣體加壓溶於含糖漿、檸檬酸、香料的飲品。二氧化碳溶於水就構成碳酸，所以汽水類飲品又稱為「碳酸類飲品」。在高壓或低溫時，二氧化碳會較溶於水。汽水未打開蓋時，壓力較高；當你打開蓋時，壓力立即降低，二氧化碳變得不溶於水而離開，形成氣泡。

3. 你喝可樂時，口腔溫度高，二氧化碳會在口腔內形成氣泡再爆開，會刺激口腔令你有種暢快的感覺。如果落到食道再形成泡泡爆開，加上冰涼帶走身體的熱力，渾身都很舒服。

4. 由於汽水有多些二氧化碳才會好喝，生產商會用可以抵受更高壓力的玻璃樽或鋁罐盛載可樂。由於膠樽可承受壓力不及玻璃樽高，所以最不好喝。

5. 可樂盛載於不同性質的杯內會有不同味道。玻璃較光滑，氣泡難以形成，飲用玻璃杯盛載的可樂，氣泡主要

在口腔及食道中才形成，所以很好喝。反之膠杯或瓦杯表面凹凸不平，有利氣泡在杯內形成，到喝下時，在口腔內生成的氣泡不多，所以不好喝。

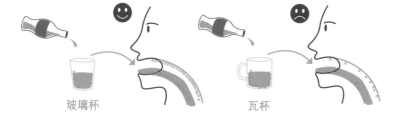

玻璃杯　　　　　　　　　　瓦杯

6. 如果放一堆雪糕進可樂裏，由於雪糕內的脂肪微粒會幫助氣泡加速形成，整杯可樂都會有超濃泡泡，這就是港產出名的飲品「黑牛」。

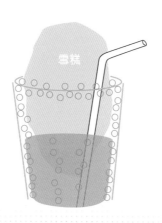

雪糕

空氣炸鍋的丙烯酰胺 (Acrylamide)

　　我這種科學人，由於着重科學分析，對電視廣告，往往跟一般消費者有極不同的思考方式。昨天太太問我：「吃空氣炸鍋所煮熟的食物是否較健康？」

　　我：「好問題，未必較健康呢！」
　　太太：「不是吃少了油就較健康嗎？」
　　我：「少了油，但多了『丙烯酰胺』。」
　　太太：「丙烯酰胺？？」

　　要做到「炸物」香脆，必須：
a. 將食物水分趕走（脆）；
b. 將食物表面進行「梅納反應（Maillard reaction）」（香）；
c. 在食物被進食之前，防止水分從空氣重新進入食物內（脆）。

梅納反應

　　由法國化學家 Louis Camille Maillard 提出。高溫下，食物內的碳水化合物（carbohydrate）、蛋白質（protein）、肽（peptide）或氨基酸（animo acid）會發生一系列反應，生成不同香味的「棕色」化合物，其中包括千百個不同的酮（ketone）、醛（aldehyde）和雜環化合物（heterocyclic compounds），亦有可能產生丙烯酰胺（Acrylamide）。

要快速達至梅納反應就需要高溫度。用水煮食的溫度，受水的沸點 100℃ 所限，一般最多稍高於 100℃。而用油的話則可達 200℃（油沸點可高過 200℃），但一般家中煮食油溫很少超過 200℃，因為高溫之下油會分解出很多白煙。而燒烤則可高達 300-400℃。

溫度愈高，食物香味愈快出現，而有毒物質亦會愈多，當中包括「丙烯酰胺」（可致癌）和「雜環化合物（heterocyclic compounds）」（部分可致癌）。所以我不會多吃燒焦了的食物。

空氣炸鍋煮食較健康？

空氣炸鍋只用食物本身的油，或只加很少油。用少點油，看似較健康。其實用 160℃ 油炸幾分鐘，食物已變得香脆。但由於空氣傳熱比液體差，用空氣炸鍋標示 160℃，食物表面上可能要 200-300℃，食物內溫度才可以達到 160℃。而且要炸十多分鐘，才能做到相同效果。

由於空氣炸鍋內食物表面溫度一般可達 300℃，而且烹調時間較長，食物中的碳水化合物和氨基酸在高溫下所進行的梅納

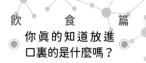

反應亦較油炸多，即是產生較多丙烯醯胺和雜環化合物。

　　「食物能在高溫下產生丙烯醯胺」這個事實於 2002 年才被發現，至今未有數據證明丙烯醯胺的安全用量。基於不明的安全性，我自己不會用空氣炸鍋。而用空氣炸鍋時，不要將溫度調高過 160℃。

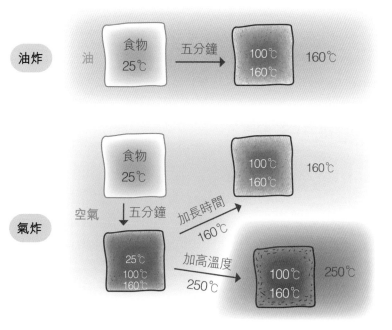

有所不知氯化鈉（NaCl）（上）

氯化鈉（sodium chloride）

就是我們日常的調味劑：鹽。鹽乃維持人體健康的要素之一，但食用過多又會中毒！

【化學迷】NaCl LD_{50} = 3g/kg。如果一個體重 50 公斤的女生，食用半數至死量（Lethal Dosage，50%）150 克（3 克 x 50 公斤）的鹽，就有一半機會中毒死亡！

【英語迷】鹽可以將細菌「脫水」，是防腐劑，所以古人已經用鹽保存食物 (例如火腿、鹹魚)。由於鹽在古時是非常貴重的調味品，中外古代的工資其中一種支付方式就是鹽。英文 salary 出自拉丁文 salarium，即是「鹽錢」的意思，salt 或 sal 是鹽的意思。

中國的產鹽地

中國產鹽地集中在沿海地區，而內陸沒有「海鹽」，只有小量「岩鹽」，所以鹽在古時的中國價值不菲，產鹽地均有重兵駐守。

【漢語迷】中文「鹽」字，由四部分組成：在大「臣」（a）監督之下，由「人」（b）將「鹵」（海水／鹹水，滷水）（c），放入「皿」（d）內煮走水分。古人將海水經日曬，或用火煮，令水分蒸發後釋出鹽分。而「鹵」字，代表鹽田；其中「鹵」字內的四點，代表鹽粒。「鹵」亦可解為濃鹽水，可作凝固劑，「豆腐花」就是以豆漿加上「鹽鹵」製作而成。

香港古時已經出產鹽。最大產鹽地就在九龍的「鹹田」，由「官富場」派重兵看守。大家知道「鹹田」和「官富場」即是現今九龍哪處地方嗎？時至今日，西貢鹽田梓尚有「復耕」的鹽田！麥理浩徑第2段有「鹹田灣」。大嶼山大澳亦有荒廢了的鹽田，相傳為海盜所建，最後收歸清廷。

（明·宋應星《天工開物》）

挑戰老師 Quiz（不准 Google）

A. 【地理迷】：香港的鹽田，主要位處香港東面。

【真 / 假】

B. 【英語迷】：「鹹濕」一詞與「鹽」有沒有關係呢？

【有 / 沒有】

C. 【生物迷】：男士的性能力與進食鹽多少有沒有關係呢？

【有 / 沒有】

以上各題的原因是什麼呢？

有所不知氯化鈉（NaCl）（下）

香港的鹽田

香港鹽田主要集中在東面，因為東面海水中氯化鈉濃度較高。由於珠江淡水從香港西面流入大海，海水被珠江淡水沖淡，所以西面海水鹽分比東面低，要多花時間才可把海水曬成鹽。

《遷界令》/《遷海令》令到香港鹽田沒落。明朝滅亡後，遺臣鄭成功以台灣作為根據地，不斷侵擾福建沿海城市。清朝政府為斷絕大陸沿海居民接濟鄭成功，就在順治十八年（1661年）頒發《遷海令》，切斷沿海居民的補給。香港居民全部被趕返內陸，所有鹽田因乏人打理而逐漸荒廢。雖然後來《遷海令》被廢除，但回流返香港的居民已非原先的鹽農，因欠缺經驗，所生產的鹽無論質與量都較以前差，鹽田又漸漸荒廢了，被人用作堆填垃圾，就這樣「官富場」（今日官塘、觀塘）和「鹹田」（咸田，今日藍田）變成垃圾堆填區，後來隨着政府發展官塘，垃圾堆填區搬移到「醉酒灣」（葵涌）及「Junk Bay」（將軍澳）。

鹹濕 = 又鹹又濕？

「鹹濕」是粵語字詞，男人專用的形容詞，所以粵語只有「鹹濕佬」沒有「鹹濕婆」。有人以為「鹹濕」是形容女性發情

時，下面器官會又鹹又濕，某些男人好其味道，所以用「鹹濕佬」形容之。（錯呀！）

鹹濕 =hamshop？

亦有人說鹹濕來自英文 hamshop，但牛津字典並無 hamshop 一字！真正的來源？幾十年前我聽過是這樣的：「鹹濕」跟中國的外國租界和鹽都有關，以前租界內有夜總會、有 Can Can 舞表演。中國男人從來沒有看過 Can Can「美女」不斷露底和大腿，當然看到很興奮。由於大腿看上去就像火腿一樣，有些「外語通」又幽默的文人就戲稱 Can Can 舞場地做 ham shop（火腿舖），因為火腿好「鹹」而其英文的粵語諧音又是「鹹」，所以「鹹 shop」就變成「鹹濕」。（信不信由你，這是 60 年代時一位逃難國軍軍官告訴我的，他亦是少數國內大學生！）

火腿好鹹亦好紅

火腿除加了食鹽用作防腐之外，亦加入「硝酸鹽（nitrate）」或「亞硝酸鹽（nitrite）」，可以殺死「肉毒桿菌」。此兩種化學物質可以釋出「一氧化氮（nitrogen monoxide，NO）」，與肉類「肌紅蛋白（myoglobin）」內的鐵形成紅色的「錯合物

（coordination compound）」，此種鮮紅色特別吸引食家。你吃的
「火腿午餐肉」和「咸牛肉」的紅色就是這樣來的！

沒有一氧化氮（NO），沒有性趣！

　　不講不知，男性受性刺激時，會分泌出一氧化氮（NO），
增加精子生成和活動能力，提高精子的受精能力。NO 亦可增
加海綿體平滑肌細胞內的環磷酸鳥苷（cGMP），使血管鬆弛，
令更多血液進入海綿體，這樣平凡的「小鳥」就會膨大勃起變
「大鳥」。威而鋼／偉哥（Viagra）就是靠 NO 令男士重振雄風！*

　　男士切勿為了吸收 NO 而狂吃火腿以為可以代替「偉哥」
呀！鹽內的鈉會令血液吸收水分以稀釋濃度，血管亦會收縮，
血壓上升，血液較難進入海綿體，那陽具就變成「死蛇爛鱔」、
「不能勃起」了！

---

* 如果你服用含有 nitrate，或是擴張血管的西藥，千萬不要同偉哥一齊吃，否
則會有過量 NO，陽具會長期充血而損害健康！

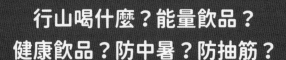

行山喝什麼？能量飲品？ 健康飲品？防中暑？防抽筋？

大家熟悉的 K. Kwong 是一位學者，但其實大部分的時間，K. Kwong 都是遊山玩水，教授攝影和行山。每逢周末，都帶山隊（K 仔隊）去香港的冷門地點行山。

跟過 K Sir（山友稱 K. Kwong 做 K Sir）領隊行山的山友都知，K Sir 行山絕不帶食物，亦不會帶保 X 力之類的健康飲品，只飲用一種紫紅色飲料：「K 仔水」，就可以行畢 20 公里而不用進食，亦不會感到肚餓。「K 仔隊」隊員個個有樣學樣，自製「K 仔水」。

「K 仔水」是自製的健康飲品，價錢相宜，製作簡單之餘，當然更可補充能量！大家也可以試試自製行山飲料，更可以減少使用膠樽！

K 仔水成分（比例可自行更改）：

1. 濃縮利賓納，約 150mL，藥房可買到，港幣 28-32 元一樽，含大量糖分。【補充能量】

2. 低鈉鹽，約 1g，超市售價十多元一包，成分有氯化鉀（KCl）及氯化鈉（NaCl）。【防抽筋】

3. 食用白醋或檸檬汁，約 10mL，十元左
右一大瓶，酸酸的味道更提神，令你行
山時倦意全消，更不會昏昏欲睡。

4. 水，加至 1000mL。

Glucostatic theory，我用了幾十年

為何我不用進食又可以有力行畢全程呢？這個乃未經證實
的科學理論。我小時候每當肚餓時，就發現吃糖後，就可以很
耐飽。念大學時就學到這個理論，血糖高使食慾降低，可以長
時間不用進食！（你在醫院「吊鹽水」也不感覺肚餓呢！）如
果路程超過 15km，我就會帶上葡萄糖（約 $15，一粒粒像方
糖，感覺疲乏時回復體力用）。

高溫行山

夏天行山，如何防中暑？

1. 【工具】長袖衫（polyester 散熱衫）、長褲、扇、軍曹帽、合適行山鞋，淋花水壺、幾支已結冰的水（1L 大膠樽放於冰格一夜）放入保溫袋、水（每小時平路 / 落山最少 300-400mL，登山 ~600mL）、鹽糖 / 話梅 / 鹽餅、K 仔水。

2. 【毅力】平時做多點耐力訓練（在高溫下急行平路），行到 10-20km。

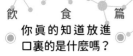

3. 【最重要：K仔登山法則──速度要慢】

30℃：每升降 50 米停 ~2 分鐘散熱。

32℃：每升降 20 米停 ~2 分鐘散熱。

34℃：每升降 10 米停 ~3 分鐘散熱。

36℃：每升降 5 米停 ~3 分鐘散熱。

結冰的水放在背囊裏
一天都未完全溶掉。

追擊黑水眞相（Dark Waters）：
C8 的禍害

　　你有用易潔鑊煮食嗎？有沒有吃過快餐店食物？有沒有用牙線？有沒有用 Gortex 防水衣物、鞋？如果專家指這些東西安全，你信嗎？

　　如果你很喜歡看偵探片，由真人真事改編的《追擊黑水真相》這套電影就很適合你。整套電影都跟化學有關，但絕對不會沉悶。沒有很多大場景，也沒有很多對白。如果你是個少許關心周圍事物的人、對不公義會發聲的人，絕對會喜歡看！

　　70 年代有首民歌《Country Road》是講西維珍尼亞州的，「West Virginia，mountain mama……」（將 Virginia 譯做「弗」吉尼亞州，好像英語粗口「fxxk」！）。美麗的維珍尼亞山區建了一間化工廠，很多農夫轉行任職杜邦化工廠工人，社區繁榮了，人人開心。主角 Rob 是杜邦僱用的律師，偶然發現鄉下農夫家裏的牛隻無故死亡，而農夫兩夫婦亦患上癌症。農夫希望 Rob 能幫手揭露杜邦公司有毒廢料的真相。

　　原來杜邦工廠在當地製造 Teflon，亦即易潔鑊不黏鍋的塗層、快餐店食物包裝紙上面那層膠膜、牙線表面那層膠膜！生產 Teflon 需要用一種名為 PFOA（Perfluorooctanoic acid 全氟辛酸，又叫 C8）的有毒化學物質。而杜邦原來竟然早已知道。由於 PFOA 內的 C--F 鍵很強，很難在自然環境分解，廠方更將

含 PFOA 的廢料放在受害農夫農場旁的河流上游，結果河水混進 PFOA，農場用河水餵養牛隻，釀成 200 隻牛死亡！

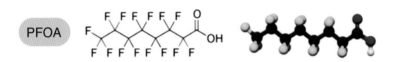

PFOA

由於化工廠為當地提供就業「造福」人群，政府和居民都不想擴大事件。Rob 有見 PFOA 之毒性，決定鍥而不捨地追擊黑水事件，歷時 20 年。給上司、朋友、市民責罵之餘，更損失許多黃金歲月和金錢，不過最後成功揭露真相，讓全世界知道 PFOA 的毒性和致癌性！

可全世界的人都因為使用 Teflon，而血液都多了很多 PFOA！

中文大學在泥土裏找到二噁英 OCDD 3500pg/kg，政府認為 OCDD 不及最毒的 TCDD，毒性只是 TCDD 的幾千分之一，所以將 OCDD 含量除以 3300，就說發現的 OCDD 只及 1pg/kg 的 TCDD。如果有一天科學家發現 OCDD 和 TCDD 毒性相若的話，說不定我們就要「追擊二噁英事件」！

味精（MSG）

　　70 年代，香港第一次有日本即食麵出前一丁，我深深被那包超濃味湯粉及麻油吸引住，到今日為止已經吃了 40 多年，依然是我的最愛。當年媽媽不讓我吃那麼多即食麵，説化學品、味精湯無益。

味精是否化學品？

　　味精即「穀氨酸鈉（monosodium glutamate，MSG）」，是自然界其中一種氨基酸（amino acid）「穀氨酸（glutamic acid）」的「鈉鹽」，並非什麼人工造出來的「化學品」。

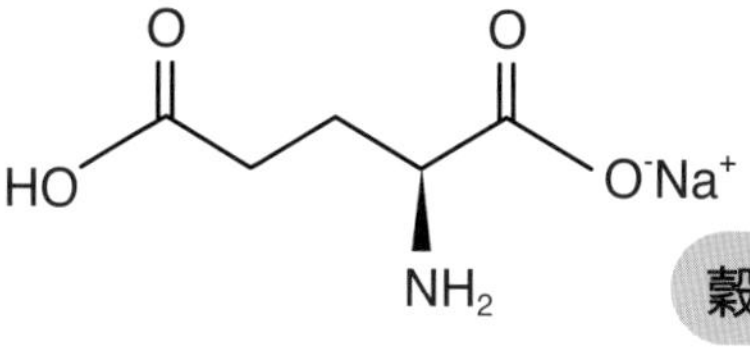

穀氨酸鈉（MSG）

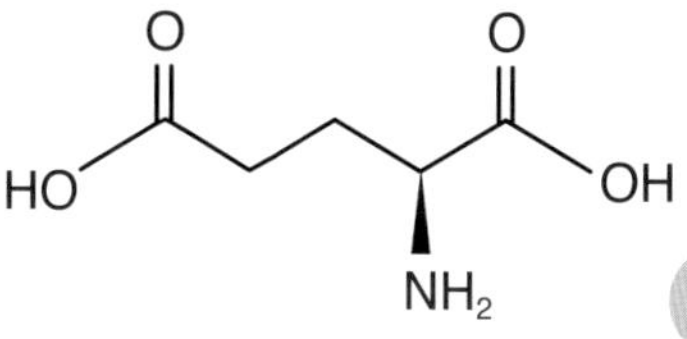

穀氨酸

鮮味是什麼？

食物有鮮味其中一個原因是含有「水解蛋白質（hydrolyzed protein）」，內含氨基酸和「肽（peptide）」。中國古代製造豉油、麵豉醬的水解蛋白質也是用大豆等植物蛋白質加水和微生物，經水解、發酵而成。南亞流行的魚露，也是由小魚蝦為原料，醃漬、發酵而成水解蛋白質。

味精由動植物蛋白質產生

味精可以經水解（加水煮或微生物）由動、植物蛋白質產生。日本人池田菊苗首先在海帶中分離出穀氨酸，再製成穀氨酸鈉作為調味品。雞粉／雞精、鮮露、豉油、魚露都有水解蛋白質及味精。

味精無毒

【化學迷】$LD_{50}=15.8g/kg$，LD_{50} = lethal dose, 50%（半數致死量），即如果一個成年人平均重 60kg，要吸取 15.8g X 60 = 948g 的味精才有一半機會死亡。不過如果一次過吸收這麼多鈉離子，你也會死啊！

中國餐館綜合症？

味精沒有毒性，為什麼去中式酒樓進食含味精的食物，有時會有頭痛、面紅、口乾、流汗、喉嚨腫脹、心口像火燒、心口痛、呼吸急促等症狀呢？ 原來很多本身無毒的物質加熱後，可以分解成有毒物質。例如糖本身無毒，但如果把糖燒成焦糖，會變成有微毒，而焦糖色素含有的 4-甲基咪唑（4-methylimidazole）更有可能致癌！同樣地，味精於高溫下會和食物中其他食材生成有毒物質，導致中國餐館綜合症。你在家時煮食較少加味精或雞粉，亦少以高溫烹調，所以沒問題。

4-甲基咪唑

你現在明白為什麼日本版出前一丁包裝說明寫到，要等麵條已煮熟，最後才加入那包湯粉吧！

化學人服用的營養補充劑

由於有基礎化學的知識，對每一種食物及營養補充劑的優劣，都算有點認識。我好少服用營養補充劑（supplements），就算吃的都是那些很便宜及容易買到的。我不反對服食營養補充劑，不過我只吃對我有用的。

成功成為我日常補品的有：

1. 半生熟蒜頭（不是製過的蒜頭丸）

    以前教書的時候，常有上呼吸系統疾病。2003 年開始吃蒜頭，很有效，減少很多上呼吸道問題，幾年才有一次咳嗽要吃西藥。【警告：由於蒜頭會薄血，有胃痛、手術前切勿吃！！】

    【食法】每日半碗（其實好臭），切碎，室溫放十五分鐘以上，再放入微波爐，大火煮十幾秒，拌飯吃（減少臭味）。（但吃完後相信沒有女生會讓你親嘴！）

    【原理】切碎後的蒜頭會有酶（enzyme），產生一連串反應釋出 diallyl disulfide、s-allyl cysteine、allicin，好多抗氧化劑（antioxidants），以及有助殺菌的物質。

    【功效】薄血；降膽固醇 LDL，似乎頗有效。

大蒜素（allicin）

2. 葡萄糖胺

自從 2014 年膝關節受了重傷後，加食葡萄糖胺，每日
1500mg，很便宜，不知有用否，但 2014 年時，骨醫
說我受傷 1 - 2 年後始終都要 total knee replacement，
到今日我還尚未換。

我個人覺得不知有沒有用，不過此物無毒，家裏有太
多，所以照吃可也。

葡萄糖胺

3. 生薑

2018 年有醫生學生叫我吃生薑，每日 60g 生薑切碎來
吃（有胃痛勿食），吃了 3 個月後，疼痛減少。本來一
星期要吃 3 - 4 次 NSAID voltaren (diclofenac)，變成一
星期 2 次。現在一星期 1 - 2 次，疼痛減少許多！最長
14 日沒服食過 NSAID。

【原理】不懂

【主治】不懂（因為醫生的媽媽説吃薑好，我就試試），
誰知非常有效！

大家要好好考慮才吃大量薑和蒜頭，因為好傷胃！

暫時沒心情再去試其他補品，不用問我某些補品有沒有效
呀！

食品添加劑氫氧化鈉：帶子刺身又肥又厚就靠它

哥士的是什麼？

「哥士的」在不少人眼中是已故家居達人「曾 sir」的必備用品（認識曾 sir 的朋友，證明你已經有一定年紀，哈哈）。哥士的是常用清潔用品，也是食品加工的常用化合物。哥士的是氫氧化鈉（sodium hydroxide，NaOH），俗名 caustic soda，Na^+ 就是鈉離子，OH^- 是氫氧離子。中文「哥士的」由英文 caustic 演變出來，是「腐蝕」的意思。由於哥士的屬於超強鹼，是危險化學品，使用時必須戴安全眼鏡、手套及保護衣物。

食物加工：加鹼水解（alkaline hydrolysis）

由於哥士的有極強鹼性，NaOH 加鹼水解可以令食物中的 C-O 化學鍵斷裂，從而令食物軟化。蛋白質、碳水化合物（纖維素）加鹼水解反應後便會溶化，所以在不少加工食物的製作過程中，都用哥士的。例如罐頭水果便是利用哥士的浸水果一會，外表皮就可以用水沖洗去。「水魷」、「牛栢葉」都用哥士的浸泡而成，經過哥士的浸製，由於吸了水，食材的體積會比正常大幾倍。很多人在香港吃的急凍「北海道帶子刺身」，有部分帆立貝是由北海道運去別國用哥士的斷裂當中的蛋白質，從而變得更大更厚肉。你在日本的魚市場是沒可能用這樣平價買到這麼大隻的帶子的。雖然有都市傳聞說「無良商人」用哥士的

處理食物「食壞人」，其實哥士的用於食物是不會殘留的，用水很易沖洗走，不用擔心，對人體完全無害。

食品加工

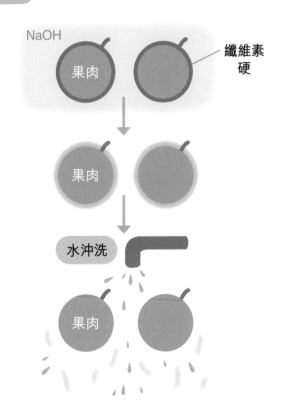

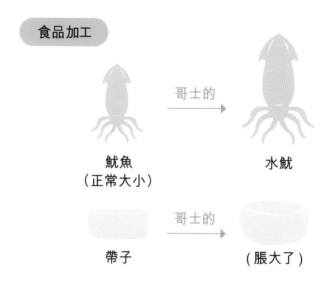

食品加工

魷魚
（正常大小）
哥士的 →
水魷

帶子
哥士的 →
（脹大了）

清除油污及通渠：皂化作用（saponification）

哥士的可以清理頑固油污，亦同樣因為「加鹼水解」。油污是三酸甘油脂，屬於油溶性，不溶於水。哥士的溶於水會放熱，熱力已經可以將油污軟化。哥士的可以「加鹼水解」油污，分解轉化成甘油及肥皂兩種小分子，油污的鹼水解稱為皂化作用。因甘油及肥皂可溶於水，因此變得易於沖走。而肥皂亦可以將未分解的油污，分散成帶負電的微油粒，由於帶負電的微油粒子互相排斥，更加容易被水沖走，稱為乳化作用（emulsification）。

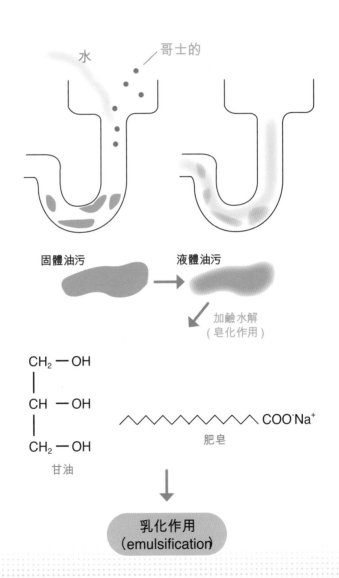

水　　哥士的

固體油污　　　液體油污

加鹼水解
（皂化作用）

CH₂ — OH
|
CH — OH
|
CH₂ — OH

甘油

∿∿∿∿∿∿∿COO⁻Na⁺

肥皂

乳化作用
（emulsification）

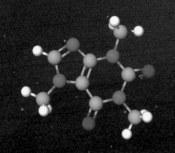

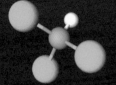

美 容 篇

變 美 的 秘 密

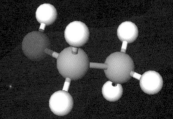

香薰精油排毒？
何時到精子排毒？

有朋友問我：「吃什麼可以排走身上的毒素，例如二噁英？據說二噁英是溶於油的，吃牛油果可以吸收它嗎？」

我答：「無論吃什麼都不能排走進入了體內的二噁英，牛油果也不行，不要天真！如果説吃什麼可以吸二噁英，是騙人的！」

又有朋友問我：「精油是否可以消毒空氣？」

我答：「精油如果可以消毒空氣，我的精子可以美顏！」

有好多朋友説精油可以排毒，不要天真啦！如果你信精油可以排毒，我告訴你我的精液可以美顏，更加可信。最少精液內有不少荷爾蒙及蛋白質對皮膚肯定有益。

近年很多人關注精油，説什麼精油可以治療什麼疾病，十分神奇，亦有所謂專家用很多數據説明精油可以提升生理質素。大自然確實有很多天然精油，但是你們在市場上買到的所謂精油並非來自動植物，大部分是人造的，來自煤或石油。這類精油多含有「芳香族化合物（aromatic compound）」，有苯環（benzene ring）的那些「壞」分子！部分甚至致癌！

有一次我在銅鑼灣 Sogo 百貨公司附近，碰見一位以前我教過的漂亮女學生，她開了一家「香薰治療中心」，請我上她的「診所」做個療程，在她的「診所」拍攝宣傳片作為「in house promotion」用。

看在她是漂亮女孩的份上，沒理由不上去免費治療嘛。到達「診所」才知她原來是老板娘，親自替我「治療」。清潔完我臉部後，老板娘好 serious 地同我講，這款精油好 relax，又排毒，想塗在我臉上再幫我按摩，讓「護士」小妹妹用手機幫我拍 video。

我馬上說「NO!」，我不想皮膚吸收到這些成分，可不可以只做按摩？她看我那樣害怕，又取出另一些東西出來，說是「天然法國巴黎 XX 香薰精油」。這個更厲害，加熱後散發出很濃烈的人工香料味道，我一邊被人按摩，一邊吸了很多精油蒸氣，好後悔。為了想給漂亮女孩摸摸我的臉，吸了好多 aromatic compound 蒸氣！

為什麼我那麼怕 aromatic compounds，因為它在身體代謝後會產生致癌的苯（benzene）。我以前做化學實驗時，常用 benzene 洗手，已經吸了好多！後悔中！不過太多太多地方有 aromatic compounds，無法可避！螢光筆也有（難道不再授課

看書做筆記嗎？），廣東燒臘也有（難道不吃「男人的浪漫」豆腐火腩飯嗎？），panadol 都有（難道以後發燒不吃了？）！基於 dose makes the poison（毒性由劑量決定）這個原理，可減就減，我不想吸收，亦不想塗搽精油！

那麼是否沒有所謂「解毒、排毒（detoxification）」嗎？

有，但每一個情況都不同。如果我喝了假酒，內有致命的「甲醇（methanol）」，我真的可以飲用沒那麼毒的正常酒「乙醇（ethanol）」來解毒的。這是由於我身體內的酵素忙於代謝乙醇為乙醛，而不會代謝甲醇為更毒的甲醛。甲醛本身致癌，亦是製標本的化合物。可以想像身體如果有甲醛可能導致你的眼睛變成標本……即是瞎了。

甘油：化妝品主角

　　冬天一到，我腳板的皮膚就因天氣乾燥而裂開（俗稱「爆拆」）。以前我會塗凡士林（Vaseline，又稱石油啫喱），凡士林包裹着皮膚，以保持皮膚濕潤。但由於凡士林屬於油性，襪子會黏滿油，而油很難洗得乾淨，比較麻煩。最近幾年我改用甘油（glycerin），利用甘油「會吸空氣水分」的特性以保水。

　　甘油是少數溶於水的有機化合物，結構簡式為 $HO-CH_2-CH(OH)-CH_2-OH$，由於它這麼小的分子中就有 3 個 -OH，每個分子平均可以與其他甘油分子間形成 3 個氫鍵（hydrogen bond）。氫鍵有比較強的「分子間引力（intermolcular forces）」，所以甘油比其他同大小的分子有更高沸點和黏度，所以室溫下為「油」狀。

氫鍵

由於它有 3 個 -OH，排列成好像葡萄糖分子內 -OH 的距離，對舌頭會產生類似葡萄糖所產生的甜味（甘）。

甘油無毒，K. Kwong 的肚子、女士的胸部都有由甘油造成的脂肪「三酸甘油酯」。你小時候吃過的「小蜜蜂」商店賣的蛇仔啫喱糖都含有甘油，因為甘油會吸空氣中的水分，讓啫喱糖不易乾。

藥房賣的甘油約 \$10 一瓶，一般是高濃度，要開約 5 倍水才可以塗於皮膚上，否則會搶掉皮膚的水分，皮膚會更加乾燥。塗了稀釋後的甘油，甘油會滲入皮膚，同時不斷從空氣中吸收水分，皮膚就保持彈性。其實很多化妝品都含有甘油，作為滋潤成分。

透明質酸（Hyaluronic Acid）：女人和男人的恩物？！

2014 年，我行山發生意外，膝關節半月板完全撕裂磨爛。朋友好好心問我，知不知道有「透明質酸」可以補關節。其實你猜我認不認識透明質酸？其實要賺我的錢真的不容易！

1. 透明質酸為高分子聚合物（polymer）。

   對文科人來説，透明質酸可以寫為：

   -[-(糖)(酸))-O-(糖 -(酰胺))-]ₙ-

   其中：

   ① 「糖」是葡萄糖；

   ② 「酸」是 -COOH，旁邊有「糖」，「醋酸」是 CH_3COOH；

   ③ 「酰胺」是「醋酸」的兄弟 $CH_3CO-NH-$；

   ④ 「n」表示有很多個單位，即大分子，塑膠就是很大分子。

   - O - 就是「氧」原子

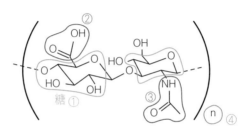

2. 而如此大的透明質酸分子，理應不溶於水，但由
於「酸」同「酰胺」都可以同水（H_2O）形成「氫鍵
（hydrogen bond）」，所以可以吸水。透明質酸類似衛生
巾一樣吸水，又有點似啫喱粉溶於水。1 份透明質酸可
以吸收 1000 份重量的水，是少數大分子又溶於水的化
合物。

3. 正常人身體各部分（軟骨、肌肉、皮膚）共有 12-18 克
透明質酸。每日有 1/3 用掉，又重新再製造 1/3。（解
讀：表示日常食物已經有製造透明質酸的原料！）。由
於透明質酸無毒及人體可吸收再用，所以有一個好龐大
的醫藥商品市場，可以：

(a)【經醫生】注射入關節內以改善關節活動，不過外國
研究發現其實沒有什麼效用。我注射過兩邊膝頭，用了
近萬元，起初很有效，但只維持兩個星期。

(b)【經醫生】注射入皮膚填充，填走皮膚上的皺紋，我
見過不少例子，是可以維持最少幾十日，不過要持續注
射才可保持漂亮。

(c)【經醫生】注射入男士陽具，以增大龜頭。為什麼要注射，我也不知道，因為沒試過！

(d)【自己買】可食用的透明質酸補充劑，吃了之後吸收超過9成。有可能分解了再重組，但並不表示透明質酸去了你所需補充的關節位。由於我直接注射關節都只可維持兩個星期，我不信此類補充劑有效。朋友送給我的透明質酸補充劑，我送了給覺得有用的人，因為安慰劑對我沒有用！至於吃了進肚子，分解後會否變透明質酸填充皮膚下面的皺紋，你自己猜想。

(e)【自己買】透明質酸膏，塗在皮膚，我相信要很細的透明質酸分子才可以滲入皮膚。可能會有少少用，不過就算可以吸到入皮膚，由於每日有大約 1/3 會分解，入到皮膚的分量太少，我猜可以維持 4 日左右。4 日後，吸收量只剩約 20%（$(2/3)^4=0.2$），所以要每幾日塗一次。而吸收不到的透明質酸，大部分只可以在你皮膚表面上停留幾個小時。如果塗的修補關節透明質酸是大分子，並不可能滲入到關節去，完全沒有用。所以有朋友送給我試用的透明質酸藥膏，我用完一整支後感覺不到有何分別。

4. 因此，透明質酸在你身上有沒有效，其實並無保障，所
   以你自己要小心採用。同理，你不一定要信我，你自己
   身體最誠實！

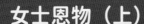

女士恩物（上）

　　某 S 字頭的護膚品品牌，其王牌產品有一種註冊專利成分 P，令女士趨之若鶩。據説，發明者是看到日本米酒的釀酒師每天都會長時間接觸濕了的米粒，雙手的皮膚吸水後回復彈性，工作結束後都能保持濕潤（你游泳一個多小時皮膚也會吸水變皺），可見蒸過的米粒與酵母菌「打磨」或「分解」了皮膚上面的「角質層」，令皮膚光滑了，而且能有效鎖住皮膚水分，所以釀酒師即使臉上滿佈皺紋，唯獨雙手卻依然幼滑細嫩。

S 品牌王牌產品的成分是什麼？

　　官網有寫：

　　a. 專利成分 P【有效成分】

　　b. Butylene Glycol，Pentylene Glycol【保濕】

　　c. Water

　　d. Sodium Benzoate，Methylparaben，Sorbic Acid【抑菌劑】

專利成分 P 能否 DIY？

　　有兩種東西使你不可能 100% 完全仿製這個專利成分：「半乳糖酵母樣菌（Galactomyces）」，即日本「菌株（Trichosporon Kashiwayama）」，以及日本「琵琶湖」水。不過由於「半乳糖酵母樣菌」是一種「酵母菌」，很多發酵食品會用到（例如米酒）。下圖是廠方的專利造法。在香港你可用「酒餅」/「乾依士」/「酵母」加「普通礦泉水」嘗試 DIY：

a. 培養液：0.3%(w/V) 葡萄糖，0.5%(w/V) 脫脂牛奶，0.05%(w/V) 酵母抽提物，少許「半乳糖酵母樣菌」（可用酒餅 / 乾依士 / 酵母菌代替），99% 水（並非米水，而是糖奶水！）

b. 20-30℃

c. pH 值 4-6

d. 培養液要加入空氣（偶爾攪拌以增加有機酸成分）

e. 放上 3-7 天

f. 用咖啡濾紙或多層紗布過濾培養液，所得濾液要放於冰箱裏，要幾天內用完。如果加溫消毒，再放入冰箱，可以多存放一點時間。

　　但這樣 DIY 出來欠保濕功效，最好加小量甘油才使用（5 份濾液加 1 份甘油）。至於 DIY 出來的濾液是否擁有專利成分 P 的功效，就不能擔保了。

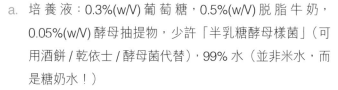

shaking or stationary culture is carried out at 20° to 30° C. for about 24 hours in a solid or liquid medium comprising 0.3% (w/v) of glucose, 0.5% (w/v) of skim milk and 0.05% (w/v) of yeast extract and having a pH value of 4.0 to 6.0, and the same culture medium as mentioned above is inoculated with the resulting culture product as the seed and stationary culture or shaking culture is carried out at 20° to 30° C. for 3 to 7 days.
    The culture liquid is subjected to filtration and removal of cells according to customary procedures, for example, by using a membrane filter, and the cell-free supernatant is concentrated, for example, under re-

（來源：Google Patents，Patent No.: US4554161）

女士恩物（下）

專利成分 P 中有什麼？

參考發明者在美國的專利註冊文件內的資料（下圖），這種專利成分有超過 50 種養分：維他命、礦物質、氨基酸、有機酸（太複雜，無可能仿製！）：

a. 【果酸（AHA，alpha hydroxy acids）】乳酸（lactic acid）和檸檬酸（citric acid）可保濕，去角質層，使皮膚變薄，更有彈性。注意：年紀太輕及皮膚太薄者不宜使用，因為皮膚太薄用果酸會令皮膚保護能力減少，引起發炎！有部分研究顯示果酸略有美白功能，但原因不明。

b. 【苯甲酸（benzoic acid）】皮膚抗菌劑，可減少細菌滋生，減少暗瘡形成。

c. 【維他命 B2（vitamin B2）】不知道和美容有何關係。

d. 【維他命 B5（pantothenic acid）】保濕，軟化皮膚，改善皮膚彈性，與維他命 B6 一起，有可能增加皮膚內透明質酸分量，令「中女」的皮膚有少少修復後的效果。年輕女士皮膚較薄，沒必要用。「老婆婆」皮膚太厚，恐怕要做手術才可以讓皮膚回復彈性。

Butyric acid content:	(detection limit: 0.01%)
	not detected
	(detection limit: 0.01%)
Lactic acid content:	0.06%
Citric acid content:	0.02%
Living cell number:	less than 30 cells per ml.
E. coli:	(−)
Staphylococcus aures:	(−)
Number of fungi:	(−)/ml
Number of yeasts:	(−)/ml
Propionic acid content:	not detected
	(detection limit: 0.02 g/Kg)
Sorbic acid content:	not detected
	(detection limit: 0.005 g/Kg)
Benzoic acid:	0.42 g/Kg
p-Hydroxybenzoic acid ester:	not detected
	(detection limit: 0.005 g/Kg)
Vitamin B_1 content:	not detected
	(detection limit: 0.01 mg %)
Vitamin B_2 content:	0.02 mg %
Total vitamin C content:	not detected
	(detection limit: 2 mg %)
Vitamin B_6 content:	not detected
	(detection limit: 5 μg %)
Vitamin B_{12} content:	not detected
	(detection limit: 0.05 μg %)
Pantothenic acid content:	0.09 mg %
Choline content:	not detected
	(detection limit: 0.03%)
Folic acid content:	not detected
	(detection limit: 1 μg %)
Niacin content:	not detected
	(detection limit: 0.03 mg %)
Total carotene content:	not detected
	(detection limit: 0.02 mg %)
pH value:	4.9

above cell-free ste
rate of 4 is analyzed
and vitamins are co
25 is made for generic
that even if the re
cording to the foun
ment of the presen
other words, it is be
30 matic medicament
unknown compone

Results of the t
prove that the abov
trate (concentratio
35 more, results of the
ous human skin irrit
is not toxic to the hu
the rabbit eye irrita
is not irritative at a
40 otic test prove that
otic substance.

It has been confi
the present inventi
chapped skin, cont
45 curative effects will
the following Expe

HUMAN

Fifty women (su
50 other and going to
23 to 44 years old,
plasters having a s
about 0.2 g of the c

那麼美白因子呢？專利好像沒提到相關成分喔

　　這個部分比較敏感，解釋得不好會收律師信，希望讀者自己理解。用蒸煮米培養「米麴菌（aspergillus oryzae）」以製造清酒／米酒時，在發酵過程中所產生的副產品：「麴酸（kojic acid，$C_6H_6O_4$，5-羥基-2-(羥甲基)-4-吡喃酮)」。大部分美白用品都含這種化學物質，醫學上亦用作治療「黃褐斑」的藥物。黃褐班（肝斑、黑斑）是皮膚顏色變深為黃褐色的現象，大部分由於陽光、遺傳、激素變化、皮膚刺激等原因導致，亦會出現在孕婦身上，也就是「妊娠斑」。雖然任何人都可能出現黃褐斑，但通常女性較普遍，特別是孕婦及服用避孕藥的女性。但有一個研究發現，性工作者一般較少有黃褐班（原因不明）。

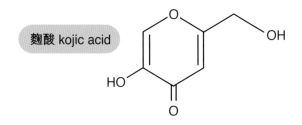

麴酸 kojic acid

　　這產品還有上篇提及過的保濕成分 Butylene Glycol 和 Pentylene Glycol，兩者均為甘油的兄弟，可以令皮膚有效保濕，阻止小裂紋變大皺紋。

同陽光玩遊戲：抗曬用品

自製相機相紙

我唸中一時，在紅燈黑房內用銀鹽（$AgNO_3$）溶液塗在一張咭紙上，放入大紙皮箱造的針孔相機內，照上十個小時，拍攝了人生第一張針孔相機照片。

$$4AgNO_3 \xrightarrow{\text{光線}} 2Ag_2O + 4NO_2 + O_2$$
（無色）　　　　（棕色）

$$2Ag_2O \xrightarrow{\text{光線}} 4Ag + O_2$$
（棕色）　　（黑色）

沖曬完畢後，受光的 $AgNO_3$ 變成黑色銀（Ag）粒子，沒有受光的 $AgNO_3$ 可用水溶走。原來陽光內的紫外光，是可以令到 $AgNO_3$ 分解的。大部分物質，對光線或紫外光都有不同程度的敏感性。

太陽紋身（solar tattoo）

我唸中三時，為了討好新女朋友，用塗改液（俗稱白油）在手背上寫上女朋友的名字，在太陽下曝曬幾個小時，再把白油抹掉，就出現棕底淺色字的太陽紋身。曬太陽可以令皮膚變黑，是因為皮膚上的色素吸光變黑。

太陽油 / 防曬用品

最簡單的一種就是透明無色的那一種，內含吸收紫外線
（ultraviolet light，UV）的有機化合物（化學性防曬）。由於結構
內有苯環（aromatic ring），部分可能致癌，少用為妙。我自己
不用！

另一種就是有反射、散射或遮擋紫外線的無機性固體微
粒，如氧化鋅（ZnO）、二氧化鈦（TiO$_2$）（物理性防曬），更加
安全！不過會變成小白臉。我偶然會用！

我是周末行山領隊，山友會發現我不論冬天夏天都穿長袖
衫褲及戴帽。目的就是防曬，當然會很熱。但是習慣了也沒有
什麼所謂，所以我不必搽防曬用品。

過度曝曬有什麼後果？

由於 UV 光或高溫會產生自由基（free radical），會令到人類的遺傳物質 DNA 受損（導致皮膚癌），皮膚蛋白質受損（缺乏彈性，容易衰老）。所以短暫時間曬太陽（～ 15 分鐘）會增加維他命 D，但太多 UV 沒好處！

金庸的化學知識比 K. Kwong 更厲害

金庸小説《神鵰俠侶》內古墓派小龍女長期居於沒有陽光及低溫的古墓洞穴，沒有受太多 UV 和高溫，所以幾十歲看上去好像只有十幾歲，楊過就愛上了年歲比自己大而樣貌比自己小的「姑姑」。赤度區域陽光接近直射；西藏高原空氣稀薄、紫

外光強，兩地的少女受 UV 太多，十多二十歲看起來好像幾十歲了！

　　大家進行戶外活動時，別忘記塗防曬霜呀！

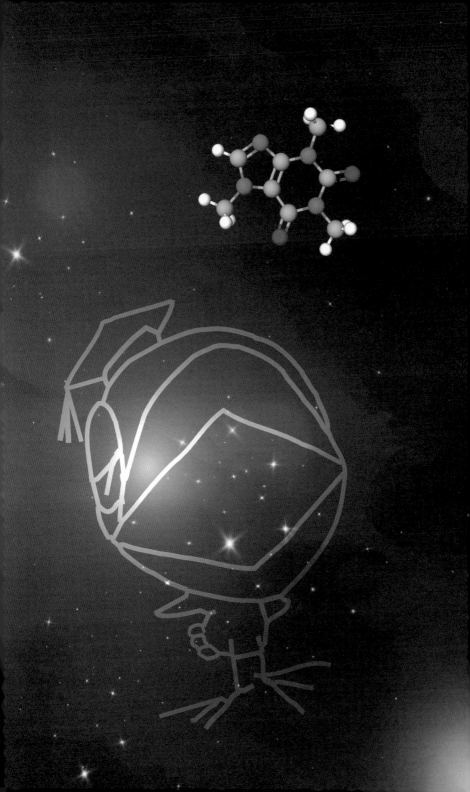

空氣污染篇

自由地呼吸
也不容易

室內空氣污染：
甲醛及其他污染物

　　香港人很特別，不喜歡開窗。冬天時，天氣涼，大家不會開窗。夏天時，天氣熱，大家開冷氣，也不會開窗。大部分室內空氣都不是新鮮空氣！

　　大家要注意室內空氣污染哦！

甲醛（HCHO，formaldehyde，methanal）

$$H \atop H \Big\rangle C = O$$　甲醛

　　甲醛是有劇毒的致癌物，主要由裝修、新製木器、家私、油漆慢慢放出。假如你沒有開窗，甲醛很快便可以超標（標準是每 30 分鐘不超過 $0.1mg/m^3$ 或 0.08ppm 百萬分之 0.08）。不過如果你每天都開窗讓空氣流通 30 分鐘一、兩次，就不用害怕。當然你亦可以採用可以分解甲醛的空氣清新機。

分解甲醛過程

> (g) 代表氣體 gas
> (l) 代表液體 liquid

$$\underset{\text{甲醛}}{HCHO(g)} + \underset{\text{氧}}{O_2(g)}$$

$$\longrightarrow \underset{\text{水}}{H_2O(l)} + \underset{\text{二氧化碳}}{CO_2(g)}$$　無毒

不過我本人不用空氣清新機，因為有部分空氣清新機在運作的時候其實亦會放出有毒的臭氧（O_3，ozone*）。

* 所有用高電壓運作的電器如影印機、雷射印表機（laser printer），空氣清新機都會放出臭氧。

油煙

很多朋友忽略廚房的油煙，特別是那些廚房連廳房的室內設計。外國有數據顯示在華人餐館工作的廚師，特別容易患上鼻咽癌或其他呼吸系統的癌症。其中一個原因就是食物內的油分在高溫下產生「酸敗（rancidification）」現象，生成「醛」（甲醛的兄弟）、「酮」、「羧酸」等。解決方案亦都非常簡單，就是煮食完成十幾分鐘內尚保持抽油煙機開着，以抽走油煙。

一氧化碳

關窗後室內變成封閉空間，如用明火煮食一定會生成一氧化碳（carbon monoxide，CO）！例如關窗用石油氣爐打邊爐（火鍋），一氧化碳很快就會超標（標準是：9ppm）！

火產生
CO 及 CO_2

　　最大危險就是：一氧化碳中毒症狀起初同飲醉酒一樣，會昏迷，所以中毒者並不會知道自己已經中了一氧化碳毒，最後就會死亡。不過在香港發生一氧化碳中毒情況，多數是燒碳自殺，或於洗澡時，在沒有通風的情況下用舊式氣體熱水爐而中毒。打邊爐時好少會全部人同時暈倒。我在家中打邊爐一定會盡開所有窗！

氡氣（Radon）

　　在石屎、泥、水中都有氡氣。香港室內的氡氣主要來自建築物的石屎，由裂縫中釋出。氡是有輻射的氣體，可致癌。不過大家可以放心，因為一般只要空氣流通，就不會去到危險水平 4pCi / L。

　　大家要盡可能保持空氣流通呀！

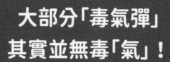

大部分「毒氣彈」
其實並無毒「氣」!

　　催淚彈同毒氣彈一樣,都是化學武器,自第一次世界大戰開始使用。毒氣彈內其實並無毒「氣」,只有毒「液」體／毒「固」體。

　　由於催淚彈內有效成分 CS 在高溫下會分解成山埃氣體(hydrogen cyanide)及其他有機物,很多人以為催淚彈對市民健康最大的影響是山埃毒氣,忽略了其他成分如 CS 及二噁英。他們以為催淚彈只是像毒氣彈一樣放出毒氣。

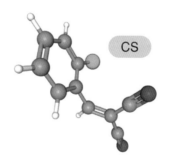

CS

　　其實毒氣彈很少有毒氣。歷史上為什麼極少用上山埃氣(HCN)同氯氣(Cl_2)這類毒氣呢?

　　「毒氣」雖然有劇毒,但並不可怕,殺傷力有限。HCN 水溶性高,比空氣更輕,氣體擴散得很快,因為不論毒性多強,很快就擴散到不會死人的濃度,此乃 dilution effect(稀釋效應)。如果 HCN 當時不能殺死你,你沒有後遺症。當然你亦不應故意

近距離吸入 HCN。

另一個例子是氯氣（Cl_2），你每次用漂白水都產生少許氯氣，它比空氣重，但你也不必害怕，只要通風加上稀釋效應，不會太容易中毒。

所以現今所有化武毒「氣」，都用「液體」或「固體」，令中毒者「急性」中毒。但使用時要有方法把「液體」或「固體」分散成氣體才有效。催淚彈的成分 CS 就是要加熱方能發揮到作用！

那麼為什麼化武不用二噁英，而外國恐怖分子用的「污糟彈（dirty bomb）」卻會用到二噁英、輻射廢料呢？

因為二噁英要很高濃度方可以「急性」中毒，所以不能立即殺敵。而 dirty bomb 目的是要敵人花長時間清理，與你焦土。用二噁英、輻射廢料這類慢性殺人材料才可以叫 dirty ！

催淚彈 CS 分子

世界各地政府，都有採用催淚彈去控制人群。催淚彈原本有好多成分，但是現在最流行的是一種稱為 CS 的化合物。CS 由美國人 Ben Corson 和 Roger Stoughton 在 1928 年人工合成，CS 就是兩位化學家名字的縮寫。CS 學名是 2- / 鄰-氯代苯亞甲基丙二腈（2-chlorobenzalmalononitrile）。

2- 氯代苯亞甲基丙二腈的沸點是 310℃，所以在常溫下為固體，可以用放熱的化學反應加熱 CS 固體到 300-400℃，將 CS 氣化。亦可以用揮發性溶劑溶解 CS，再用壓縮氣體噴射出來。兩種方法都造成大量 CS 的煙霧。人類暴露於 CS 之中時，會流淚、呼吸困難、流鼻涕、咳嗽、迷惑，造成其失去對抗能力。

由於 CS 的煙霧其實是 CS 的微粒，懸浮於空氣中，所以用 3M P100 級的顆粒過濾器可以阻隔 CS 的微粒，以達到防催淚煙的作用。

CS 分子有 4 部分：

(1) Cl（氯）

(2) benzene ring（苯環）

(3) C=C（碳雙鍵）

(4) CN（山埃）

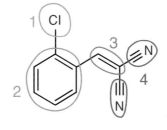

　　(1)、(2)、(3) 都沒什麼極性，即該分子大部分沒有絲毫正負極，所以 CS 不溶於極性的水。散佈於戶外環境的 CS，只微溶於雨水，要很多次大雨才可以沖走！（水有極性，故此極性部分較多的分子才溶於水，例如酒精）

　　在 25℃ 的一堆 CS 固體，由於沒有微粒隨風飄動，相對沒那麼嚴重的害處及刺激性。但如果是以微粒狀態進入眼鼻口，你就會流淚。

　　有 (1) 及 (4) 燃燒就可產生 HCl 氣（多吸會導致肺水腫）及劇毒的 HCN 氣體。

有 (2) 苯環就不是什麼好東西,進入體內經肝代謝生成苯
(benzene)(可致癌:例如血癌)!

有 (3) 就代表比較易分解,可以用鹼性水解分解 CS 成沒有
那麼催淚的產物。

有 (1) 及 (2) 就代表合適溫度燃燒可產生二噁英(dioxins)
OCDD 及 TCDD,有 (1) 及 (2) 亦代表非常穩定,二噁英分子亦
有 (1) 及 (2),所以可以殘留於大自然幾十年!

中國催淚彈如何產生
大量煙霧及高溫

催淚彈一般有：(1) 彈身（有鋼）；(2) 彈藥（如發射用，有正常炸藥）和雷管；(3) 催淚劑固體（主要是 CS）；(4) 發熱材料（以令催淚劑氣化而分散）。

各國生產的催淚彈，(1)(2)(3) 都相同，主要分別在於 (4)。

(3) 催淚劑 CS（2-chlorobenzalmalononitrile）為固體，熔點約 100℃，沸點約 310℃，所以受熱會變成蒸氣，遇冷空氣變回微塵粒，被風吹到你眼、鼻和口，你就會流淚了。CS 於 400℃ 以上就會分解成沒有催淚作用的產品，而分解產物有害與否則無人知道。而溫度愈高，分解出的化學物質就愈多，其中已知的有 HCl 氣體（可導致肺積水）、HCN 氣體（山埃毒氣），（如果高溫）亦可生二噁英（dioxin，超級致癌物）。基於這個原因，各國都希望將發熱溫度控制在 450℃ 以下！

(4) 發熱材料主要由：i. 氧化劑（oxidizing agent）及 ii. 還原劑（reducing agent）組成。

i. 氧化劑各國大致相同：KNO_3 及 $KClO_3$ 受熱分解出氧氣，而 $KClO_3$ 更會釋出 KCl 白煙。

ii. 還原劑

【外國】：碳粉、矽粉（Si）、糖、火棉（nitrocellulose），燃燒後最高溫度可達 1500℃，一般低於 1000℃，產品有 CO_2、H_2O、SiO_2（白煙）。

【中國，伊朗】：鎂粉、鋁粉、火棉，燃燒後最高溫度可達 3300℃，一般低於 2000℃，產品有 CO_2、H_2O、MgO（白煙）、Al_2O_3（白煙）。

由於中國貨產生 MgO 和 Al_2O_3 比外國貨 SiO_2 濃、重及大顆，所以中國貨的煙較白，而外國貨的煙 SiO_2 細微，經光學現象散射（scattering）產生微藍色。

由於外國貨溫度低，澆水後立即熄滅。而中國貨溫度高很多，澆水後很大機會和鎂／鋁合成氫氣（可引起爆炸！），極度危險。用手觸摸的話一定被燒傷，打中人體就着火！更可以熔掉馬路上的瀝青！

由於中國貨 CS 有高溫分解的問題，分解出來的有毒氣體如 HCl 氣體、HCN 氣體、二噁英可能比外國貨多。更加嚴重的就是沒有科學家研究過多種高溫度 CS 分解產物對人體短期及長遠的傷害！

化學迷才明白：完美二噁英 TCDD 及 OCDD 分子

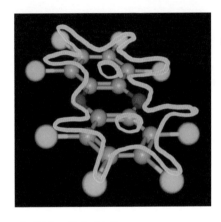

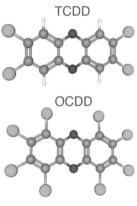

TCDD

OCDD

化學迷，你知道嗎？

1. TCDD / OCDD 的 O 原子是什麼雜化態（hybridization）？

2. ∠ C-O-C 約多少度？

3. C-O 是否單鍵（single bond）？

4. C-Cl 是否單鍵（single bond）？

5. TCDD / OCDD 是否各原子處於同一平面？

答案：

1. sp^2

2. 120°

3. 否

4. 否

5. 是

什麼情況會產生二噁英（dioxins）OCDD 及 TCDD？

二噁英 TCDD 和 OCDD 是熱力學上非常穩定的（thermodynamically very stable）分子，只要有：(1) 氯（Cl）；(2) 有機物；(3) 高溫 400-850℃，就可以產生。在高溫度均裂（homolysis）後，原子重組去產生很穩定的 TCDD 及 OCDD。由於 OCDD 有 8 個 Cl，而 TCDD 只有 4 個 Cl，有理由相信是先產生 TCDD，再產生 OCDD。催淚彈成分 CS 就是有 Cl 的有機物，就有條件產生 OCDD 及 TCDD。

爲什麼 dioxins OCDD 及 TCDD 那麼穩定？

看看 OCDD 的 crystallography data：
- C-O 0.138nm (NOT 0.143nm single bond length)
- angle C-O-C 116° sp^2 (NOT 105° in sp^3 O as in water)
- C-Cl 0.173 nm (NOT 0.178 nm single bond length)

代表整個 OCDD 分子都有 delocalisation，超平面分子！所有苯環旁邊的 C-Cl 及 C-O 單鍵（single bond）其實都是非常強的部分雙鍵（partial double bonds）。所以在自然界 25℃ 的情況下很難分解。泥土上的半衰期（half life on soil surface）：OCDD 最少 ~7 年；TCDD 最少 ~10 年。

長時間燃燒才可以釋出 TCDD ?

有學者説要很長時間燃燒約 10 分鐘才可以釋出 TCDD。其實汽車的廢氣是有小量 dioxins 的，其中 Cl 來自 chlorinated paraffin additive（而白電油（naphtha）並無此類物質）。燃料在引擎內最多燃燒幾秒，這樣也會產生到 TCDD 喔！

有催化劑的燃燒才可以釋出 TCDD ?

2019 年 6 月 12 日明報報道有人燒 PVC 標籤紙後產生 dioxins，當時並沒有催化劑。

如何才可以知道有沒有 dioxins 產生呢？

政府有大量催淚彈，只要用催淚彈做熱分解（pyrolysis），再用高解像度氣相色層分析 - 質譜儀實驗（HR GC MS），就可以分析到有沒有二噁英產生。

K·Kwong的
化學世界

稀釋效應（Dilution Effect）

毒物界第零定律

世界上所有毒物的毒性多少，並非只由毒物本質決定，而是由「濃度」及「接觸時間」決定。

【例子 A】香港醫療服務應對新冠肺炎，可以供給「小量」病人，「短期」接受完善治療而沒問題。但「大量」（如來自其他地區的帶菌者），而「長期」（如沒有完全封關），那香港醫療服務就會癱瘓了。

【例子 B】SARS 可由飛沫（約 2-100 微米）或懸浮空氣中的「氣溶膠（aerosol）」（= 空氣 + 微固體 / 液體微顆粒（約 1-10 微米））傳播。但千萬不要被「aerosol 可以飛到十分遠」嚇到，因為在戶外飛到十分遠的病毒，濃度已經非常低。病毒於每立方米空氣裏面的濃度會隨着距離愈遠而愈低，此乃「稀釋效應」。但室內又比戶外危險，因為室內空氣基本上是密封的。冷氣空調下，空氣基本上以特定方向流動，某些區域會給另一些區域交叉感染。

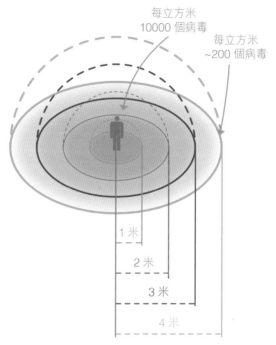

每立方米
10000 個病毒

每立方米
~200 個病毒

1 米

2 米

3 米

4 米

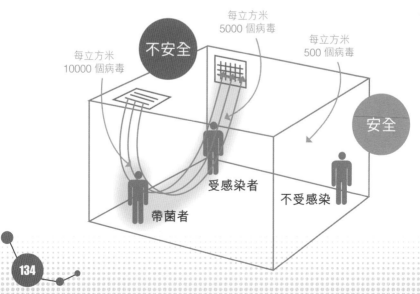

每立方米
5000 個病毒

不安全

每立方米
10000 個病毒

每立方米
500 個病毒

安全

受感染者

不受感染

帶菌者

【例子 C】為什麼有些人雖然中毒、受細菌或病毒感染，卻很快便痊癒，有些人就一病不起呢？除了「先天因素」（即「遺傳」：你身體產生抗體／白血球的速度），「稀釋效應」亦是原因。有病人咳嗽，噴出的飛沫飛到 1-3 米附近的人的眼鼻內，對方就立即被感染。但如果受感染人士身體產生抗毒物質的速度及濃度，比毒物入侵身體的速度及濃度大的話，那麼毒物／細菌／病毒就好快被沉澱或分解，身體安然無恙，即是說如果飛沫已被稀釋，是沒有危險的！如果我們接種了疫苗，將一些已經無傳染性的細菌病毒打入身體，刺激身體產生「足夠」抗體，那就算有真的病毒入侵都沒事。

蒸氣燙衫：是否會產生氣溶膠？

對，但無需害怕！除非你用很強的蒸氣噴槍噴在掛着的衣服上面，否則短時間產生的小量蒸氣噴射速度較低，不足以吹起病毒，吹得起的病毒濃度都很低。而且當時的溫度，已經可以殺死細菌／消滅病毒，所以不用驚慌。在熨衣板上高溫燙衣服更加不用擔心！那麼，要留意哪些地方？你家裏的保濕機、桑拿浴室、溫泉等就風險比較大。（外科醫護、牙醫：小心眼睛啊！）

別燃燒塑膠，好多污染物啊！

燃燒塑膠產生的其中一種污染物是很多人害怕的二噁英（dioxins）。常見的水馬、水桶、街頭垃圾桶、有蓋垃圾桶、硬膠燈箱、發泡膠箱都具可燃性，但這些塑膠物品，燃燒時有沒有機會釋出二噁英呢？

水馬、水桶、街頭垃圾桶*、有蓋垃圾桶，如果淺色的（紅、白、黃）大多數是用：聚乙烯 PE（polyethylene）或聚丙烯 PP（polypropylene）製造，燃燒後產生的黑煙不算多，吸入人體不會引起咳嗽。由於沒氯元素，所以不可能產生含氯的二噁英。

如果是深藍 / 深綠 / 灰色 / 黑色的，除了可以由 PE 或 PP 製造之外，很多時是不易燃的 PVC（polyvinyl chloride），但一旦燃燒後會釋出 HCl（氯化氫會使人咳嗽，吸入過多會引致肺積水）。由於有氯元素，有機會產生二噁英。

硬膠燈箱（交通燈）、發泡膠箱屬於聚苯乙烯 PS（polystyrene），易燃，燃燒後產生大量黑色濃煙，而且異常惡臭，還有致癌的多環芳香烴（polycyclic aromatic hydrocarbons）。由於沒氯元素，所以不可能產生含氯的二噁英。

總結：

1. 如果你迫我吸燃燒塑膠產生的污染物，我選燃燒 PE 或 PP 的污染物，死也不會吸燃燒 PVC 或 PS 的。

2. 由於你不懂區分 PE、PP、PVC 和 PS 等塑膠，所以最好不要玩火燒塑膠！

* 有小部分街頭垃圾桶是薄及硬的玻璃纖維，不易燃。

氣溶膠（Aerosol）

氣溶膠

原本定義是一種固體或液體微粒懸浮（suspended）在氣體之間（主要為空氣）的混合物，即「（固體／液體）＋空氣」。其中「固體／液體」粒子又叫「顆粒（particle matter，PM）」。但很多時候 aerosol 與 PM 互相通用，例如 aerosol spray 代表利用壓縮氣體的動力使液體噴出形成 aerosol。

PM 有多大？

類似花粉的 PM 其實可達到 100 微米（μm）之大，但由於顆粒要比較細小才可以穩定地懸浮於空氣中而不會下沉，一般懸浮粒子直徑在 0.01-10 微米（μm）之間，可以經人類呼吸系統吸入肺部！

不同大小的微粒

毒物學家更細分 aerosol 為不同大小的微細粒子：

a. 粗粒／顆粒物（coarse）：2.5 to 10μm（即 PM10）。主要來源為地面塵埃、車軚微粒、海水霧、細菌、飛沫。

b. 微粒／細顆粒物（fine）：2.5μm 以下（即 PM2.5）。主要

來源為柴油汽車、工廠的化石燃料產物：炭微粒、未完全燃燒的燃料產物、硝酸鹽、硫酸鹽和二手煙等。

　　c. 超微粒／超細顆粒物（ultrafine）：0.1μm 以下（即 PM0.1），大部分病毒粒子都在 0.1μm 以下。

PM2.5 其實有多大？

　　一根頭髮粗約 70μm，相等於 28 粒 PM2.5 粒子排成一條直線。

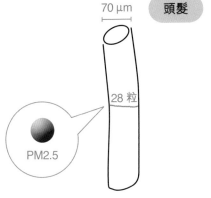

70 μm

頭髮

28 粒

PM2.5

雨水味

　　記得小時候每次太陽曝曬後，忽然來一陣驟雨，常常嗅到一陣「雨水味」從地面滲出來，後來看科學雜誌才知道這種味道是「潮土油（petrichor）」味。某些植物會在乾旱期間分泌一

種油，這些油「吸附（adsorb）」在泥土與岩石表面。下雨時，雨水落在曬熱了的地面，將這些油連同其他細菌代謝物一起打成 PM10 aerosol。你嗅到的獨特「雨水味」就是這些微粒水點導致的。

退伍軍人症（Legionnaires' disease）

退伍軍人細菌可存活於大型空調冷卻塔的冷卻水中，經冷卻水塔運作所生的 aerosol 水霧傳播。

罐裝噴霧

平時我們用的噴霧劑，如殺蟲藥、噴漆，由於利用壓縮氣體令液體噴出所形成的 aerosol 主要為 100µm 或以上（只有幾個百分點是 PM10），所以不會有太多進入肺部，但使用時都必須戴口罩，農夫們用壓力噴殺蟲水時亦一定帶上口罩。

室內霧化器

由於用電力的霧化器可以產生大量的 PM10，室內的 PM10 還會長時間懸浮於空氣中，良久不散，任何人都會吸到！所以長時間使用霧化器，用者自己一定會吸到，所以可免則免。

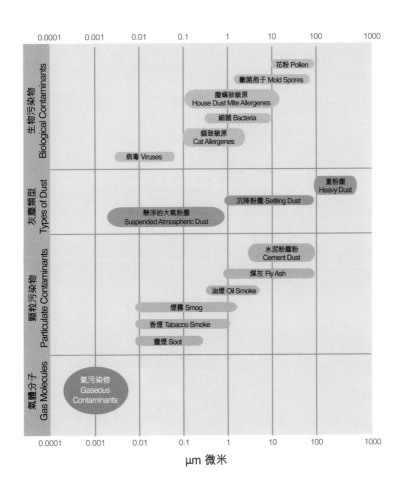

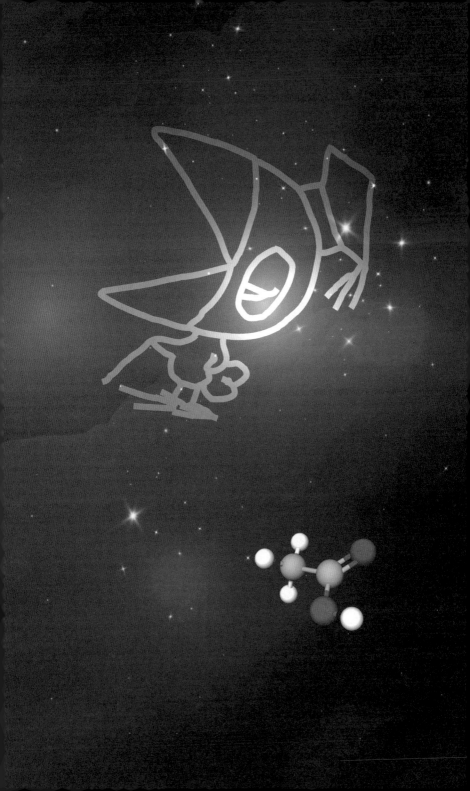

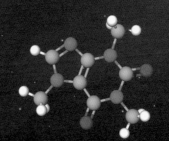

清潔防疫篇

保持衛生百毒不侵

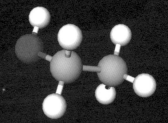

可樂洗廁所？

香港有部分地區的廁所是使用海水沖廁的。由於鋼水管被海水浸過會加速生鏽，部分沖廁水便含有小量鐵鏽。而這些鐵鏽會在馬桶的內側累積起來，導致有部分朋友以為這是沖不掉的「米田共」污漬。這些污漬的主要成分是鐵鏽，即水合氧化鐵（III）。

鐵鏽是鹼性的，要除去這些鐵鏽，可用任何酸性的潔廁用品，例如：鏹水（氫氯酸／鹽酸，HCl）、硫酸（H_2SO_4）、潔廁得（HCl）、潔廁粉（硫酸氫鈉 $NaHSO_4$）。這些酸性物質都有氫離子（H^+），可以溶解鐵鏽或其他鹼性物質：

$$Fe_2O_3 + 6H^+ \longrightarrow 2Fe^{3+} + 3H_2O$$

可樂含有檸檬酸，亦會放出氫離子。所以可以利用可樂清洗馬桶，除去鐵鏽污漬。

要注意的是鐵鏽只溶於酸性的液體，而不會溶於鹼性的漂白水。所以用漂白水是不能除去馬桶內的污漬的。更加要注意的是，如果用完漂白水清洗馬桶，必須用水沖走漂白水後，才加入鏹水或其他酸性潔廁劑。否則會產生有毒的氯氣。

如果是衣服上的鐵鏽漬，又是否可以用可樂清除呢？我建

議勿用可樂了，用雪碧或檸檬汁清除，出來的結果會好些吧！

酸鹼中和

$$Fe_2O_3 \qquad Fe^{3+} \quad H_2O$$

可樂 ＋ 鐵鏽 ⟶ 鐵 ＋ 水

（酸）　（鹼）　　　鹽

　　　（不溶於水）　（溶於水）

由竹造的紙張比
石油製造的口罩濾芯更環保

　　由於竹是來自二氧化碳經光合作用下生長而成，由竹紙濾芯的廢物所產生的二氧化碳，很快（~10 年）會變回竹。而竹生長速度比其他造紙的植物更快。

　　竹不會增加大氣內的二氧化碳，亦不會加劇全球溫室效應，稱為碳中和（Carbon Neutral）。

竹：碳中和 Bamboo Carbon Neutral

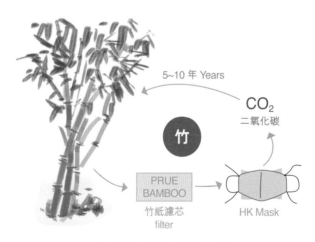

5~10 年 Years

CO_2
二氧化碳

竹

PRUE BAMBOO
竹紙濾芯
filter

HK Mask

竹或紙口罩不會增加氣溫
Bamboo or paper mask does not
increase global warming

相反，來自石油的聚丙烯（PP）就非碳中和。用聚丙烯製造的口罩，每日為地球製造很多非生物可降解的垃圾。

石油是由千百萬年前的海洋生物轉化而成，在地底保存多年。人類於工業革命後，開始大量使用化石燃料，快速產生大量二氧化碳，但大氣層的二氧化碳又沒有那麼快變回石油，因此地球二氧化碳的含量累積愈來愈多，由工業革命時期的 0.03% 上升到今日的 0.04%。

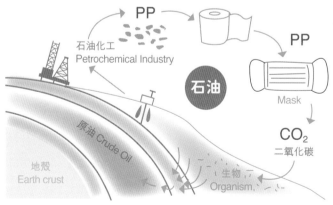

石油：非碳中和 Petroleum NOT Carbon Neutral

海洋生物形成石油要一百萬年
It takes 1M Years to form oil from
marine organisms

小心使用噴霧 / 霧化式消毒劑

一般化學物品的毒性可以由其「化學品安全技術說明書 / 安全資料表」查到（外國 MSDS，Material Safety Data Sheet；中國 SDS）。化學物質的毒性可分成 3 類：皮膚毒性、食入毒性、吸入毒性。例如銅粉：皮膚毒性極低（你每天用的硬幣有銅）、食入毒性中（水平不可超過 1.3mg/L）、吸入毒性高（空氣不可超過 $1mg/m^3$）。

我們市民所理解的毒性，是指我們一般用最常接觸的情況下該化學物品的毒性。煤氣內的一氧化碳是劇毒的，因為我們平時只接觸氣體形式的它，皮膚毒性低，但吸入毒性極高。同理，一般情況下你可以說銅是無毒的。

日常生活上用的消毒劑，大部分都有毒，是因為食入毒性高。而一般所謂「無毒」的消毒劑，如果吞食入胃，毒性很低。因此很多「安全」消毒劑，如次氯酸鈉（sodium hypochlorite）和次氯酸（hypochlorous acid）於低濃度情況下，可用於食品。例如漂白水主要成分次氯酸鈉亦可用於牙醫用品如漱口水，而日本市民更使用次氯酸水來洗菜，以及用於洗刺身刀具和砧板！

但這些「無毒」消毒劑，以噴霧 / 霧化式使用的話，就有可能吸入肺部，傷害肺部功能，嚴重者可以永久受損。

如果用小型噴霧樽使用酒精，小量酒精吸入肺部不必害怕，因為酒精會揮發，不會造成傷害。不過大家仍然要小心酒精非常易燃。

漂白水、滴露、次氯酸水、季銨鹽等消毒劑，如果以小型噴霧樽使用，一般噴出來的顆粒比較大，但亦要帶口罩以防止吸入肺部。而用電力霧化器或壓縮氣體噴出霧化後的消毒劑微粒比較細，吸入肺後永遠不能排出，因此務必要用 N95 / P95 級別的口罩以防止霧化微粒入肺。

　　吸入利用電力霧化器或壓縮氣體噴出的微粒有多危險？多年前國內有人在密封地方用壓縮氣體噴射 Teflon 防水噴霧於大量衣服鞋物上，當時並無戴口罩，最後死亡。防水物質 Teflon，一般用於 GORE-TEX 衣物鞋上。如果入了肺部，該部分就黏滿排水的 Teflon，肺就不能呼吸，永遠纖維化。

　　基於霧化微粒可以入肺，噴漆工人一定要配戴 R95 或 P95 呼吸器而非 N95。N95 代表 Not oil resistant（非排油），R95 代表 Resistant for 8 hours（抗油 8 小時），P95 代表 Oil-proof for 40 hours-30 days（抗油 40 小時到 30 日）。而 95 代表對 0.3 微米的顆粒有大過或等於 95% 的過濾率。

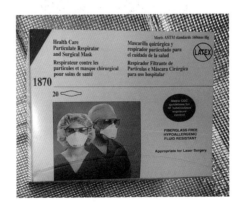

抗疫三寶：
肥皂、漂白水、酒精

　　不少呼吸系統疾病如 COVID-19 和流感，都可以由手指接觸眼部、鼻孔或口部而導致。因此，徹底清潔雙手是防止病毒進入身體的第一條防線。

　　肥皂本身無毒，亦是最安全的清潔劑。不少細菌和病毒，都有一層由脂肪組成的保護層。肥皂加水可以利用乳化作用去破壞油脂保護層，從而消滅細菌及病毒。而一部分未能消滅的細菌或病毒都可以由水帶走，所以肥皂加水是最有效及最便宜的清潔方法。肥皂加水約 30 秒就可帶走或消滅病毒。

　　漂白水是一種強氧化劑，有效成分為次氯酸鈉。氯（Cl_2）或次氯酸離子（OCl^-）都可以氧化蛋白質及防止細菌病毒複製。市面上漂白水大約含 5% 氯，1 份漂白水加 99 份水就可以開到 500ppm（即 1：99 漂白水）。開稀了的漂白水不能保存太久，24 小時內要用完。

　　沒有肥皂或漂白水的時候，酒精是一個很好的選擇。酒精可以令細菌或病毒的蛋白質沉澱，從而產生消毒的作用。但要注意部分細菌由於有孢子外殼保護，酒精不能消滅。消毒酒精可分為乙醇 ethanol / ethyl alcohol 及異丙醇 isopropyl alcohol。兩者由 60-90% 濃度都可以消滅細菌及病毒。注意工業用的酒精

（變性乙醇 denatured alcohol 或加甲醇酒精 methylated spirit），
即含有劇毒的甲醇，不可用於消毒。注意不要使用酒精消毒大
面積的物件，例如：大枱和地板等，以防止產生大量可燃的酒
精蒸氣；同時不可在接近火源的地方使用，因為酒精極易燃！

肥皂 + 水
約 30 秒

肥皂溶解細菌、病毒外層
脂肪以消滅它們。
肥皂加水亦沖走未被消滅
的微生物。

1：99 漂白水
約 30 秒至 10 分鐘

1 份 5% 漂白水 + 99 份水。
漂白水含氯或次氯酸鹽可以
氧化細菌病毒。

$$\text{🦠} + \frac{Cl_2}{(OCl^-)} = \text{🦠}$$

60-90% 酒精
約 30 秒

（如果無肥皂或漂白水）
切勿於皮膚上用含有甲醇
的變性酒精或加甲醇酒
精，因為甲醇有劇毒。

$$\text{🦠} + \frac{\text{異丙醇}}{\text{乙醇}} = \text{🦠}$$

H₂O₂(g) 消毒重用 N95

一般一次性口罩是石油產品，主要物料是「非生物降解（non-biodegradable）」的聚丙烯（polypropylene），屬於不織布（nonwoven fabric）類。

口罩結構

面層　排水紡黏（spunbond）不織布：防潑水。

中層　熔噴（meltblown）不織布，即「熔噴布（meltblown polypropylene，MBPP）」：過濾飛沫及有害顆粒。

底層　吸水水針 / 水刺（spunlace）不織布：吸水親膚；但亦有用紡黏不織布。

由於大量使用一次性口罩會造成大量垃圾，如何將一次性口罩再用是一個重要課題，當中最大難題是如何將用過的口罩消毒重用。

不能用液體消毒

　　由於口罩中層熔噴布 MBPP 經過靜電處理，用靜電吸附微粒，不能用一般消毒劑（液體）去處理。這是由於一般消毒劑含有水或其他極性溶劑（polar solvent）（液體），會帶走熔噴布 MBPP 上的靜電。沒有靜電的濾芯，過濾效能會很低。因此用水或酒精消毒後的熔噴布，只剩下約 50% 的過濾率。

不能用高溫消毒

　　熔噴布不能用高溫處理，因為高溫會改變纖維的結構，導致過濾效能或透氣度變差。

不能用紫外光（UV）消毒

　　由於使用後的中層熔噴布會藏有帶細菌病毒的微粒，又位於中層，要用較強紫外光長時間照射才可消毒。但由於聚丙烯（polypropylene）比較易被紫外光分解，照射後會產生很多微塑膠粒（microplastics），吸入肺部，嚴重影響健康。

不能用含氯消毒劑消毒

口罩內有口水及其他有機物，它們可與含氯消毒劑反應，生成許多有毒含氯有機物，連同含氯消毒劑，直接吸入肺，影響健康。

雙氧水（hydrogen peroxide）及臭氧（ozone）

兩者都是很強的氧化劑（oxidising agent），可以氧化細菌病毒內蛋白質／酶及遺傳物質，因此可以消滅細菌病毒。但平時買到的雙氧水含有水，會降低靜電，只有氣體才可用於消毒。

而用臭氧消毒要控制得很準確，因為臭氧會同橡膠反應（稱為臭氧化反應 ozonolysis），會分解橡筋，消毒後橡筋會較易斷。

「Hydrogen peroxide 蒸氣（雙氧水蒸氣／氣相過氧化氫，$H_2O_2(g)$）」是暫時最適合消毒口罩的消毒劑。如果要在低溫產生 hydrogen peroxide 蒸氣，必須用低氣壓。物理常識：壓力愈低，液體沸點愈低。美國就是用 hydrogen peroxide 蒸氣去消毒用過的 N95。

註：詳細用低溫生成 hydrogen peroxide 蒸氣的方法，請參考：
https://www.safety.duke.edu/sites/default/files/N-95_VHP-Decon-Re-Use.pdf

偽科學產品

偽科學產品，是一些基於科學理論，而誇大其功能的產品。

某年我去海拔 4800 米的稻城亞丁山區行 12 公里山，當時沒有帶罐裝氧氣以補充氧氣抵抗高山反應，行得頗為辛苦。買了一支「氧氣水」（寫明內含 20% 氧氣），喝完一支「氧氣水」卻毫無改善，後來想清楚才明白問題所在。首先氧氣只能微溶於水，「氧氣水」內怎可以含 20% 氧氣呢？再者就算我真的喝了含豐富氧氣的水，胃內的氧氣如何去到肺呢？

大家抗疫，要小心「偽科學」產品，研究清楚才考慮購買。

銀離子、銅芯口罩

我不會用，因為未有證據支持兩者可以有效消滅病毒，特別是 COVID-19 病毒。當然殺滅口罩內導致臭味的細菌是可以的，但與抗疫無關。

石墨烯口罩

我不會用，因為石墨烯亦未可以有效消滅病毒。反而朋友送給我武漢製造的一次性口罩，我卻很安心地使用。

高科技水

有朋友送了些不知成分的 XX 科技水給我，稱可以殺菌消毒，我卻不敢試，因為不知含有哪些消毒成分，所以不知能否安全使用。

二氧化氯殺菌袋 / 負離子機

有些朋友常在頸上掛些含有二氧化氯的殺菌袋或負離子機，稱可以消滅 2 公尺內細菌病毒，但事實連 10cm 內細菌病毒都消滅不到。因為距離太遠，二氧化氯的濃度太低。而小型負離子機亦只可以過濾幾厘米距離內的空氣。

電解水 / 酸性電解水 / 次氯酸水

由於它們全部含活性氯都不及 200ppm（ppm：百萬分之一），我不會用。用 1：99 的漂白水消滅病毒更有效些，因為活性氯濃度已經是 500ppm。

抗疫一定要用已經測試過有效的方法，不宜用所謂新發明去抗疫。新發明要經過多年測試，而臨急抱佛腳式產品，用起來有隱憂。

酒精、漂白水、雙氧水可用什麼容器盛載？

家用清潔消毒用品很少用玻璃樽盛載

由於考慮運輸方便及不易打碎，酒精、漂白水、雙氧水都不用玻璃樽而用膠樽盛載。而由於玻璃樽有鐵及其他過渡性金屬離子可以催化雙氧水的分解，所以不可以用玻璃樽盛載雙氧水。

$$2H_2O_2(aq) \xrightarrow{\text{鐵離子}} 2H_2O(l) + O_2(g)$$

塑膠可以分為七大類

1 號塑膠 PETE/PET

酒精 ✅

放得太久會釋放出極小量酯類物質，但對健康無太大影響。很多食油都是由 PET 樽裝載，所以不用太害怕。

漂白水、雙氧水 ✅

不會同 PET 樽產生反應。但由於 PET 樽太透光，盛載在內的漂白水和雙氧水會很快分解！

$$2NaOCl(aq) \xrightarrow{\text{光線}} 2NaCl(aq) + O_2(g)$$

2 號塑膠 HDPE，4 號 LDPE，5 號 PP

酒精、漂白水、雙氧水 ✅

由於 4 號塑膠太軟，只會用於製造膠袋，極少會製成膠樽，相信甚少機會用 4 號塑膠製的袋盛載液體，泰國街頭小販售賣那些用膠袋盛載的飲品除外。

3 號塑膠 PVC

其實市場上很難找到 PVC 造的小膠樽，一般只用於製造大膠桶。

酒精 ❌

放幾天不會有問題，但放幾個月就不太安全，因為有毒的 VC（vinyl chloride）單體及塑化劑（plasticizer）會釋出，溶入酒精。但一般情況下，膠拖鞋、膠玩具釋放出的 VC 單體及塑化劑更多。

漂白水 ✅

香港每日由化工廠運去餐廳及街市的漂白水，就是用大灰 / 黑色 PVC 桶運送。

雙氧水 ✖

　　一般 PVC 膠內有金屬污染物，會加速雙氧水分解，所以不可用來盛載雙氧水。

6 號塑膠 PS

　　俗稱硬膠，由於很容易碎裂，少用於製造膠樽。而發泡膠都是 PS，亦太易爛。因此不會用發泡膠製造盛載液體的容器。

7 號塑膠：其他

　　由於不知成分，不宜用於盛載酒精、漂白水、雙氧水。

消毒劑安全指南

消毒劑（antiseptic 或 disinfectant）是日常用品，必須小心使用，確保安全。英語 disinfectant 原指有殺滅細菌病毒能力或抑制其生長的物質，只能外用。能用於生物組織及皮膚的就稱為 antiseptic，而其餘只用於死物的就稱為 disinfectant。

並非所有「有殺滅細菌病毒能力」的物質皆可「安全」地使用，一切由濃度（或稀釋率）決定。

氫氧化鈉 / 哥士的（sodium hydroxide）、氫氧化鉀等強鹼通渠劑，或濃酸（如氫氯酸 / 鹽酸、硫酸）等強酸、鏹水，基本上可以殺滅所有細菌病毒。但正常人不會視其為「安全殺滅細菌病毒」的物質，因兩者皆有強腐蝕性，對人、對金屬都並不安全。

含氯有機物如滴露（Dittol / chloroxylenol / PCMX）有極強毒性，必須稀釋至 0.25% 以下才可安全使用。由於一般市面上滴露類產品為 5%，所以通常 1：19 稀釋。但稀釋後必須立即使用，否則會產生沉澱，未能有效殺滅細菌病毒。

氯漂白水（chlorine bleach）為鹼性（高 pH）、含有次氯酸鈉（NaOCl sodium hypochlorite），是最能穩定地保持 5% 以

上（活性氯）濃度的「漂白水類產品」。1：99 稀釋後便可以有 500ppm，可有效殺滅細菌病毒，亦非常便宜、安全。

由於含氯漂白水類產品在低 pH（即酸性環境）會釋出有毒氯氣（chlorine，Cl_2），其他「酸性」產品如次氯酸（hypochlorous acid，HOCl）、酸性電解水（HOCl）、二氧化氯（chlorine dioxide，ClO_2）雖然同樣有殺滅細菌病毒能力，但皆為酸性產品，不太穩定而有效氯濃度亦不過 200ppm。例如「次氯酸（酸性）」分解較「次氯酸鹽（鹼性）」快，所以要安全地稀釋到 500ppm，還是用漂白水比較容易。

注意：稀釋後的漂白水要 24 小時內用完（稀釋會加速細菌生長），亦要放於黑暗地方（光線會加速次氯酸鹽 ⟶ 次氯酸 ⟶ 氧氣的分解）

酒精亦為「安全殺滅細菌病毒」的物質。但不可低於 60%（濃度低不能殺菌），亦不可高於 90%（因為高濃度酒精可以令細菌外層蛋白質產生硬化，反而保護細菌）。而對於部分孢子細菌，酒精亦無效。

注意：酒精用於皮膚時宜與甘油共用，以滋潤皮膚

沒有酒精時的終極消毒法：漂白水

　　一般情況下，醫生不會建議用漂白水清洗皮膚或食物。但在沒有酒精、沒有水和肥皂的情況下，真的不可以用 1：99 漂白水消毒皮膚嗎？

　　在沒有大量水的情況下，其實是可以用小量漂白水清潔雙手的，步驟如下：

1. 先用小量水加紙巾（或用不含清潔劑的濕紙巾）抹手幾次，以減少手上有機物。
2. 再用小量 1：99 漂白水抹手。
3. 自然乾。

漂白水可與很多化學物反應產生有毒或刺激性物質

　　為什麼用漂白水之前要保證皮膚上沒有太多有機物呢？因為手上的汗能與漂白水產生反應，生成有毒或有刺激性物質，例如：

1. 漂白水內有次氯酸鹽 OCl^-（pH ~9），在中性至酸性皮膚（pH 5.5~7），可生成次氯酸（$HOCl$）和小量有毒氯（Cl_2）。氯的味道就是我們嗅到的「漂白水味」，由漂白水與酸性物質（例如：二氧化碳、鏹水等）反應而產生。
2. 汗內有尿素（urea，$CO(NH_2)_2$）分解出氨（ammonia，

NH_3）。氨可與氯反應生成有毒刺激性氯氨（$ClNH_2$）。
氯氨就是導致泳池水會刺激眼睛的化合物。

3. 皮膚上的有機酸（如乙酸）可與氯反應生成氯化有機酸
（如氯乙酸），多數有毒及刺激性。

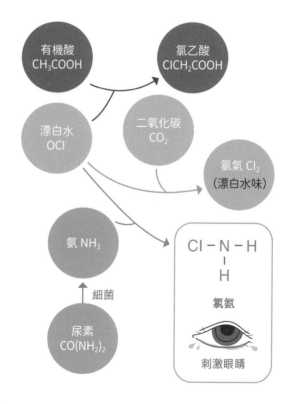

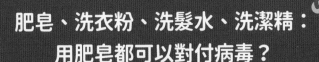

肥皂、洗衣粉、洗髮水、洗潔精：
用肥皂都可以對付病毒？

化學上稱為「洗潔精（detergent）」的用品（例如：洗髮水、沐浴露、梘液、洗衣粉和洗潔精等）和部分「潔手液（hand sanitiser）」（例如：季銨鹽）的有效成分都是表面活性劑（surfactant）。

表面活性劑是具有親水性 hydrophilic（水溶性）「頭」，和疏水性 hydrophobic（油溶性）「尾」的化合物，好像「蝌蚪」一樣，「頭」部溶於水，「尾」部溶於油。

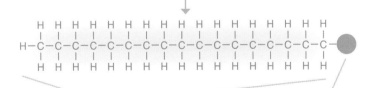

清潔劑一般結構

尾 hydrophobic（疏水性）
& nonpolar（非極性）

頭 hydrophilic（親水性）
& polar（極性）
$— COO^-$ or $— SO_3^-$

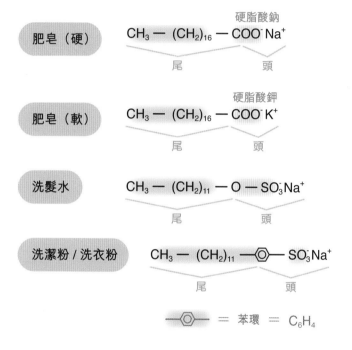

肥皂（硬）	$CH_3 - (CH_2)_{16} - COO^- Na^+$ （硬脂酸鈉）
肥皂（軟）	$CH_3 - (CH_2)_{16} - COO^- K^+$ （硬脂酸鉀）
洗髮水	$CH_3 - (CH_2)_{11} - O - SO_3^- Na^+$
洗潔粉／洗衣粉	$CH_3 - (CH_2)_{11} - \bigcirc\!\!\!\!- SO_3^- Na^+$

尾　　　頭

$-\bigcirc\!\!\!\!- \ = \ 苯環 \ = \ C_6H_4$

大部分表面活性劑分子「頭」部都帶「負」電，而消毒潔
手液成分季銨鹽的頭部帶「正」電。

季銨鹽 Benzalkonium chloride

$n = 8，10，12，14，16，18$

乳化作用：令水和油可以互溶

　　表面活化劑最常見的用途是作為乳化劑（emulsifying agent）。乳化作用可以想像為「蝌蚪」協助水洗走油污。衣物上的污漬（如汗漬）多數是「油性」。洗衫的時候，表面活性劑（洗衣粉）「蝌蚪」的「尾」部溶入油漬而「頭」部則溶於水。當攪動衣物時，水就可以帶走油污，形成油脂微粒。而由於油脂微粒帶「負」電性，「負負相斥」之下，油脂微粒不可以再重新結合成一大堆油脂，所以就會被水帶走！

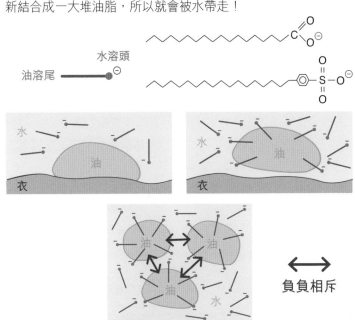

卵磷脂

奶類製品內的乳化劑卵磷脂亦是表面活性劑，可以乳化水和脂肪／油，蛋糕必有。沙律醬由醋（含水）、油加蛋白製成，但放得太久，醋（水）和油會分成兩層，這是由於卵磷脂慢慢失去乳化能力。

「蝌蚪」可以「消滅」病毒！

其實病毒沒有生命，所以不會死亡，但我們可以破壞其最脆弱的遺傳物質 DNA／RNA，在未進人體前消滅它們！原來部分病毒（例如 HIV，及少數來自動物的病毒）有一層由脂肪及蛋白質構成的保護層「病毒包膜」。用肥皂洗手或酒精搓手都可以「溶掉」這層油性的「病毒包膜」，裏面的遺傳物質 DNA／RNA如果暴露於空氣或陽光下很快就沒有感染能力。但一定要用肥皂洗手 30 秒才可以有效消除病毒！

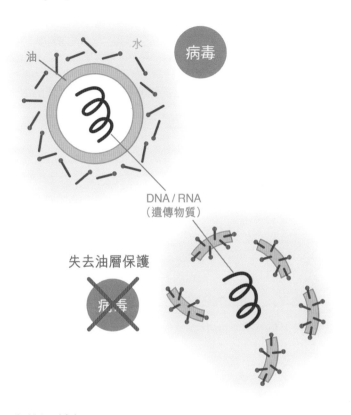

油　　　　水　　病毒

DNA / RNA
（遺傳物質）

失去油層保護

病毒

肥皂比酒精好！

　　我個人主張用肥皂洗手而不用酒精消毒。因為酒精會較易洗走皮膚表面的保護層油脂，會較易有皮膚病「主婦手」！男人有「主婦手」好奇怪呢！另外酒精亦易燃，用起來比肥皂危險。至於其他所謂「殺病毒」潔手液，會否比肥皂更「平、靚、正」呢？我就不信啦！

銀離子殺病毒？

2003 年 SARS 後，曾出現過很多採用銀離子或銀的消毒產品。隨着 2020 年新冠肺炎出現，這類產品又再流行起來。但對抗新冠病毒，有沒有用呢？

病毒及細菌是不同的病原體（pathogen）

病毒（virus）在人體外環境是「沒有生命」的，入侵宿主（例如人）體內才可以利用宿主的細胞來繁殖。細菌在人體外是「有生命」的，是生物，可以自行生長、繁殖和死亡。我常說某種消毒劑可以「消滅」病毒，「殺死」細菌，而不會說「殺死」細菌「及」病毒。這是由於消毒劑只能用於人體外，而病毒在體外是沒生命的（沒生命如何死？），你不能夠「殺死」它，只能夠「消滅」它。

銀離子、其他重金屬及其離子可殺死「細菌」

銀離子、其他重金屬及其離子俱有毒性，是真的可以殺死「細菌」的，但是消滅「病毒」就未有太多文獻資料支持。服食「銀」產品，就可以預防病毒，其實沒有任何科學根據呢！如果服用濃度過高，有可能自己先中毒而死，仍未能完全消滅病毒。到今日為止，科學文獻只有提過銀的納米粒子，有可能對抗到病毒，但更詳細的報告仍未經各方研究證實。

歷史上有很多用重金屬殺菌的例子

1. 銀（Ag）：古時人類發現在一盆水內擺放一塊銀子，是不太容易有青苔生長的。原因是從銀釋出的微量銀離子（Ag^+）能消滅部分細菌／微生物。現今有些除臭止汗噴霧，也是利用銀離子殺死令汗變臭的細菌。

2. 銅（Cu）：古時有人發現銅的礦物「孔雀石（$CuCO_3 \bullet Cu(OH)_2$）」是可以殺掉精子的（相信是放在陰道內避孕）。人類第一次成功採用的子宮環避孕工具就是用屈曲的銅線，放入陰道內（自己千萬不可試！），銅線釋出銅離子（Cu^{2+}），就可消滅精子。

3. 銅（Cu）及鎳（Ni）：港式茶餐廳內的「水吧」常把一碗水放在枱面，當侍應寫完了點菜單，就把單子點一點碗內的水，再用水將單子黏緊於枱面上，由抽油煙機所導致的風就不易吹走單子。以前我在茶餐廳做過侍應，發現這碗水內放了幾個含銅及鎳的硬幣，令水不會變臭。原因就是銅及鎳釋出的 Cu^{2+} 和 Ni^{2+} 可殺掉水內的細菌。

4. 鉑／一種白金（Pt）：以前有科學家做某些「奇怪實

驗」電解「大腸桿菌」的時候，發現大腸桿菌只能夠一直生長，而不能分裂繁殖。之後得知 Pt 電極氧化後可與電解質氯化銨生成抗癌藥「順鉑（cisplatin，cis-$[PtCl_4(NH_3)_2]$）」。原來「順鉑」可以結合細菌內的 DNA（遺傳物質），防止 DNA 複製。於是「順鉑」就用來抑制癌細胞的 DNA 複製，以控制癌細胞生長速度。

　　既然有毒，大家切不可胡亂使用含銀 / 銅的用品，否則自己中了毒也不知道。如果你問我銀噴劑 / 銀口罩 / 銅口罩是否可以消滅到新型冠狀病毒，我會説：「別傻啦，未有證據我怎會信？不如去寺廟求支靈符護體吧！」

電解製銀離子水：浪費！

最近有很多網友在 YouTube 看到一段影片，是關於自己在家中製造可以殺菌的銀離子水，問我是否可行。我答：「可以的，不過自己在家製造銀離子水，簡直就是浪費地球資源！」

買金屬銀製造銀離子溶液，比較直接買銀鹽溶於水做相同濃度的銀離子溶液貴很多！

其實最容易買到的銀鹽是可溶於水的硝酸銀（$AgNO_3$），市面藥房可買到硝酸銀敷抹器（一支像火柴的木棒，前端塗有硝酸銀及硝酸鉀），或化工原料行也有小量硝酸銀零售。溶入蒸餾水中已經可以有大量銀離子水，根本沒必要做複雜的電解！

浪費太多銀！

在電解的時候正極是銀，負極是銀或其他金屬（只要不會同水直接有反應的金屬就可以用，例如鐵、銅）。正極銀被氧化（失去電子），一部分同空氣形成氧化銀（Ag_2O），另一部分變為溶於水的銀離子（Ag^+）。Ag^+ 再移去負極，從負極取得電子，還原成銀灰色的「金屬銀」。電解後，即使少許震動也可輕易令附在負極上的銀剝落，沉到杯底變成沒有用的黑色垃圾。最後亦只有極小量銀離子殘留在水中。

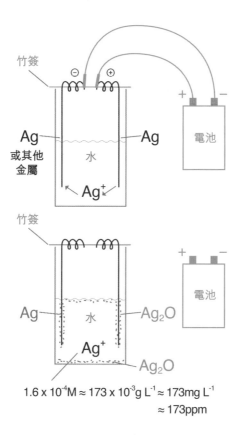

$$1.6 \times 10^{-4}M \approx 173 \times 10^{-3}g\ L^{-1} \approx 173mg\ L^{-1}$$
$$\approx 173ppm$$

銀離子雖然可以殺死細菌，但未必能消滅病毒！

那些所謂銀離子消滅病毒的研究，至今仍未有太多研究成果刊於學術期刊內，切勿輕信呀！

漂白水、次氯酸水、
電解水、二氧化氯

　　漂白水、次氯酸水（HOCl，又稱為酸性電解水、電解水）、二氧化氯（ClO₂）這三者所釋放的物質叫「活性氯（active chlorine）」。市面上賣的漂白水中，一般都有大過 5% 的活性氯，即 100 克內等效可供消毒的氯有 5 克。

漂白水 (bleaching solution，chlorine bleach)

$$NaCl + H_2O + NaOCl$$
次氯酸鈉

次氯酸水 (hypochlorous acid)

$$HOCl \quad 次氯酸$$

二氧化氯 (chlorine dioxide)

亞氯酸鹽，例如 $NaClO_2$
＋溴鹽，例如 $NaBr$
＋固體酸，例如 $NaHSO_4$

$$5ClO_2^- + 4H^+ \longrightarrow 4ClO_2 + 2H_2O + Cl^-$$

　　漂白水比次氯酸水及二氧化氯便宜得多！一公升的 1：99 漂白水大概只是幾毛錢，活性氯的濃度已經有 500ppm，而且稀釋後並無「漂白水臭味」（氯氣味）。

　　雖然次氯酸水可以在家中用鹽水電解製成，但我不會用次氯酸水（HOCl，即酸性電解水），因為家用電解產生的 active chlorine 濃度太低，一般少過 200ppm。濃度低自然達到廣告所標榜的「無臭無毒」，但殺菌能力當然也比 500ppm 的漂白水低。

　　為什麼不能提高次氯酸水的濃度呢？因為在低 pH（即酸性）情況下，高濃度次氯酸會釋出太多有毒氯氣（Cl_2）。

$$HOCl + H^+ + Cl^- \longrightarrow Cl_2 + H_2O$$

　　我自己不會買二氧化氯（ClO_2）消毒藥片。因為它本身毒性高，一般只能稀釋至少於 200ppm 使用，主要用來消毒食水，甚少用於家居消毒。

　　一般消費者好奇怪，以為貴的產品就是好的，其實最有效的就是漂白水，又便宜又保證消滅細菌病毒！

假消毒酒精

工業酒精本身是很便宜的。2020 年初由南亞購買並運送到香港，每噸只要約 $15000。乙醇（ethanol/ethyl alcohol）較貴但較香；異丙醇（isopropyl alcohol）較便宜但較臭，殺菌力則比乙醇高一些。甲醇（methanol）則於坊間較少見，因為甲醇本身有毒，其殺菌能力較乙醇和異丙醇略低。

甲醇可以在天然醣類發酵製酒（乙醇）過程中產生，所以酒內有少許甲醇屬正常。一瓶酒可能有 1-70% 乙醇，但天然產生的甲醇只有最高 0.02%。

物質之中含有有機分子碳（C，Carbon）的比例愈高，愈難完全燃燒，並出現因燃燒碳粒而形成的黃色火。因此用火的顏色可以分辨：

純淨甲醇（CH_3OH，37.5%C）：
無色或淺藍色的火，無黃色

純淨乙醇（C_2H_5OH，52.2%C）：
藍色的火，尖端有少許黃

純淨異丙醇（C_3H_7OH，60.0%C）：
黃色的火，極少藍色

那麼用火的顏色就可以分辨到酒精內有沒有甲醇嗎？不可以。乙醇中加入少許甲醇（即不純淨乙醇），其燃燒的火仍是藍色。而異丙醇中加入少許甲醇（即不純淨異丙醇），其燃燒的火仍是黃色。

用氧化劑（oxidising agent）來證明乙醇或異丙醇內含有甲醇，又可以嗎？不可以。因為乙醇和異丙醇，與甲醇一樣會與氧化劑產生相同反應，只是速度有別。

所以我自己也不能單憑簡單實驗來分辨酒精是否純淨，需要用儀器來分辨。

我曾經試過誤將甲醇當作乙醇使用，但皮膚吸收了甲醇後身體也無大礙。甲醇如經由胃部吸收，再由身體轉化為致命的甲醛。甲醇要 10 毫升或以上，才會致盲。只經由皮膚吸收的話，大概要數百毫升甲醇才會引發問題。一般潔手所使用的酒精分量不會那麼多，因此即使酒精中含有小量甲醇，也不至於對身體造成嚴重傷害，大家可以放心。

次氯酸比漂白水安全？

次氯酸來自天然物質？

次氯酸（HOCl）和漂白水（主要是次氯酸鈉 NaOCl）是近來最常用的消毒用品。次氯酸由於活性氯（active chlorine）含量較少，所以沒有「漂白水」味，深受主婦歡迎。廣告宣傳上亦強調次氯酸來自「天然鹽水」電解。彷彿次氯酸就是高一等的消毒用品，而事實上次氯酸及漂白水都是來自鹽水電解，大家都來自天然的鹽。次氯酸較漂白水受歡迎是因為廣告效應。但漂白水是更可靠的消毒劑，以 1：99 稀釋能產生高於 500ppm 濃度的活性氯，適合日常消毒用途。1：49 的比例含 1000ppm 濃度活性氯，適合用來消毒被排泄物或嘔吐物污染的物件。

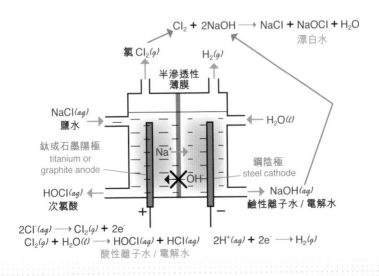

$$Cl_2 + 2NaOH \longrightarrow NaCl + NaOCl + H_2O$$
漂白水

氯 $Cl_2(g)$　　　$H_2(g)$

半滲透性薄膜

NaCl(aq)
鹽水　　　　　　　　　　　$\longleftarrow H_2O(l)$

鈦或石墨陽極
titanium or
graphite anode　　Na^+　　　　鋼陰極
　　　　　　　　　　　　　　　steel cathode
　　　　　　　　　　OH

HOCl(aq)　　　　　　　　　　NaOH(aq)
次氯酸　　　　　　　　　　　鹼性離子水／電解水

$$2Cl^-(aq) \longrightarrow Cl_2(g) + 2e^-$$
$$Cl_2(g) + H_2O(l) \longrightarrow HOCl(aq) + HCl(aq) \qquad 2H^+(aq) + 2e^- \longrightarrow H_2(g)$$
酸性離子水／電解水

次氯酸無臭味？

次氯酸與漂白水兩者均以活性氯成分來消毒殺菌，而活性氯含量必須超過 200ppm 方可真正殺菌消毒。市面上賣的次氯酸水很少超過 200ppm 活性氯，所以沒有氯氣味。而坊間的漂白水未開稀的時候已經是 50000ppm，所以有氯氣味。如果漂白水以 5% 有效成分計，1：99 稀釋了就是（0.05）x（1%）=0.0005=500ppm，這活性氯濃度已是市面上次氯酸的 2.5 倍。

次氯酸及漂白水所用的消毒原理完全相同

在化學平衡（chemical equilibrium）的情況下，相同 pH 下，相同活性氯 ppm 的次氯酸及漂白水，有相同濃度的 HOCl 及 OCl⁻。在 pH6 時，次氯酸或漂白水都主要以 HOCl 的形式存在。在 pH9 時，次氯酸和漂白水都主要以 NaOCl 的形式存在。

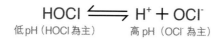

$$HOCl \rightleftharpoons H^+ + OCl^-$$

低 pH（HOCl 為主）　　高 pH（OCl⁻ 為主）

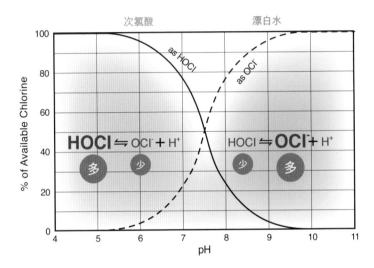

不論是次氯酸水或漂白水，殺菌消毒都是以 HOCl 為主，可以破壞細菌病毒的蛋白質。

次氯酸不及漂白水穩定

由於次氯酸在酸性環境極不穩定，市面上的次氯酸水機只可製作含 50-150ppm 活性氯濃度的次氯酸水。這類機器所產生的氯濃度與殺菌消毒仍有一段距離。

爲何次氯酸水機不可以製造高過 200ppm HOCl ？

理論上，電解時加重鹽分的比例可以生成更高濃度的次氯酸。電解時正極生成氯氣，氯氣溶於水而產生次氯酸。但當氯氣過多時，部分氯氣無法完全溶於水中，便會釋放出來。氯氣可引起支氣管炎、咳嗽、休克，甚至死亡。

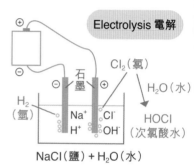

如果消毒效果不及漂白水，次氯酸還有什麼用途？

如果消毒效果不及漂白水，次氯酸還有什麼用途？

外國文獻有指引：HOCl 可用於食具上，最多 50-200ppm，但不太適合用於食物，因為次氯酸（或漂白水）與有機物反應可以生成致癌物。

For single use as an antimicrobial agent in an aqueous solution in the production and preparation of whole or cut meat and poultry; processed and preformed meat and poultry; fish and seafood; fruits and vegetables; and shell eggs.

The concentration of available free chlorine will not exceed 60 ppm. The aqueous solution containing the FCS may be used in processing facilities as follows:
1. in process water or ice which comes into contact with food as a spray; wash, rinse, dip, chiller water, and scalding water for whole or cut meat and poultry, including carcasses, parts, trim, and organs;
2. in process water, ice, or brine used for washing, rinsing, or cooling of processed and pre-formed meat and poultry products as defined in 21 CFR 170.3(n)(29) and 21 CFR 170.3(n)(34), respectively;
3. in process water or ice for washing, rinsing or cooling fruits, vegetables, whole or cut fish and seafood; and
4. in process water for washing or rinsing shell eggs.
When used in water to process fruits, vegetables, ready-to-eat meats, and fish and seafood products intended to be consumed raw, the treatment will be followed by either a 10 minute drain step or a potable water rinse to remove, to the extent possible, residues of the FCS.

Oct 13, 2017

Submission: Environmental Assessment (in PDF) (857 kB)
               Finding of No Significant Impact (FONSI)

（來源：U.S. Food & Drug Administration）

消毒藥水（Antiseptic）

消毒藥水是日常生活不可少的用品。一般要符合以下要求：

1. 合理濃度下殺滅細菌病毒。（不可太高，因為本身有毒）
2. 用於人體上安全。
3. 快，能短時間內殺滅細菌病毒。
4. 無毒性殘餘物。
5. 不破壞被消毒物件。

損害人體的不適用

世上有很多有毒及具腐蝕性的化學物品（符合第 1 點要求），能殺滅所有細菌病毒。強腐蝕性的，例如：哥士的（氫氧化鈉，NaOH）、鏹水（例如鹽酸／氫氯酸，HCl），不會用來消毒，因為太傷皮膚！

劇毒如：氯氣（Cl_2）、光氣（$COCl_2$）及芥子氣（$C_4H_8Cl_2S$）。不會用來消毒，因為人也會中毒！

濃度不夠高不適用

漱口水、卸妝水等含有符合第 1 點要求的成分——酒精，但當中的酒精濃度不夠高，例如漱口水，不宜對付口腔外的細菌病毒。

可用的消毒劑亦有很多限制

很多含氯的化合物如 PCMX chloroxylenol（滴露）本身毒性很強，要非常小心控制濃度才可使用（例如 1：24 稀釋），所以不推薦直接使用。

漂白水及次氯酸同樣可以與有機物反應，生成致癌物

有些廣告説次氯酸比漂白水好，其中一個「所謂優點」是漂白水會生成致癌物，而次氯酸不會，但這並非事實！次氯酸（酸性電解水）就和漂白水功效相似，兩者濃度太高都會與有機物（例如甲烷）反應，釋出致癌有機物（例如三氯甲烷，$CHCl_3$）。

非酒精類，可用於皮膚

很多表面活性劑（surfactant），如季銨鹽（quaternary ammonium / benzalkonium chloride）在足夠濃度下具消毒效能，但要超過 30 秒。而（稀）雙氧水也是安全的消毒劑。

臭氧機

臭氧可以用來消毒，不過它亦可以殺死你，臭氧要好好控制濃度方可使用。所以我自己不用！

最便宜又有效的消毒劑

我只鼓勵大家用酒精和 1：99 漂白水。

酒精消毒

市面上有很多不同的酒精類消毒產品，如何選擇呢？

消毒酒精成分

最常見有兩種：

a. 乙醇 C_2H_5OH（ethanol，ethyl alcohol，EtOH）：飲用酒都含乙醇，其氣味芬芳，俗稱「燒酒味」。

b. 異丙醇 / 2-丙醇 / 丙-2-醇（$(CH_3)_2CHOH$，isopropyl alcohol，2-propanol，propan-2-ol，IPA）：常常嗅到的 rubbing alcohol 味就是因為它，比乙醇臭一點點，俗稱「醫院味」。

爲什麼可以買到 100% 的異丙醇，而只能買到 ~95% 的乙醇，化學迷才會明白！

首先要明白共沸物（azeotrope），當某兩組或以上不同液體以特定比例混合時，在固定壓力下沸騰，其沸騰時所產生的蒸氣與液體本身有着完全相同的成分。共沸物是不能用蒸餾或分餾手段加以分離的。由於異丙醇與水不能形成共沸物，所以可以蒸餾製造出 100% 異丙醇。而乙醇與水形成共沸物，所以當蒸餾稀乙醇到 95% 乙醇、5% 水的時候，只能製造出含有 95% 乙醇和 5% 水的蒸氣，所以凝結不到 100% 乙醇。而要製造

100% 的乙醇要用（有毒的）苯（benzene）一齊蒸餾，最後還
要再把苯吸走，成本高昂，一般要化學實驗室才用上。正常不
會用於消毒！

乙醇和異丙醇兩者的消毒效能有何不同？

由於兩者都可以溶解微生物脂肪，破壞蛋白質和遺傳物
質，一般 60-90% 濃度的酒精使用 30 秒，就能達到消毒殺菌效
果。太高濃度有機會令細菌外壁固化，反而保護了裏面的遺傳
物質，達不到殺菌目的。乙醇的消滅病毒功效顯著一點。但我
自己兩種酒精都用。由於乙醇稍貴，你買到的多是異丙醇。

紫色消毒酒精？

千萬不要用紫色「工業火酒 / 加甲醇酒精（methylated
spirit)」來消毒，它含的甲醇毒性好強喔！

爲什麼 70% 酒精比 70% 潔手液便宜那麼多？

潔手液加入了可保水的甘油，以及小量表面活化劑以降低
酒精揮發速度，當然要賣貴些啦！

爲什麼 K. Kwong 經常這樣說：
「生物用酒精，死物用 1：99 漂白水」？

　　漂白水用於有機物可能會生成有毒或致癌物，所以含有機物的生物宜用酒精消毒。而死物，好像地板一般面積較大，用酒精清毒所產生的大量易燃蒸氣可能引致火災。你不想玩自焚，請用 1：99 漂白水吧！

水垢（Scale / Limescale）

水垢是什麼？

水龍頭口、花灑噴水口、水煲內膽底常有一層灰白色或黃 / 啡色不溶於水的污穢物，那就是水垢。其主要成分為碳酸鈣（calcium carbonate，$CaCO_3$），有小部分是碳酸鎂（magnesium carbonate，$MgCO_3$）。

為什麼水垢有時灰白色、有時灰黃 / 啡色？

$CaCO_3$ 本身白色，所以又叫「白堊」，黃 / 啡色其實是水裏面的鐵鏽 $Fe_2O_3 \cdot nH_2O$。

水垢怎樣形成？

自然的江河水本身有來自岩石的鈣離子（Ca^{2+}）和鎂離子（Mg^{2+}），以「碳酸氫鈣（$Ca(HCO_3)_2$）」或「碳酸氫鎂（$Mg(HCO_3)_2$）」存在，這些江河水經處理後成為水喉水，水喉水在加熱或者蒸發過程後生成水垢。例如：

$$Ca(HCO_3)_2(aq) \longrightarrow CaCO_3(s) + CO_2(g) + H_2O(l)$$

其中 (aq) 代表 aqua 水，(s) 代表 solid 固體，(l) 代表 liquid 液體。

怎樣清除水垢？

　　水垢屬於不溶於水的鹼性碳酸鹽，但可以溶於酸（內有氫離子 H^+），例如鹽酸（鏹水）、檸檬酸、可樂、醋酸和草酸。但由於水垢出現的地方很多時有金屬，我們不會用「強酸」例如鏹水去清除水垢，以免將金屬溶掉。

$$CaCO_3(s) + 2H^+(aq) \longrightarrow Ca^{2+}(aq) + CO_2(g) + H_2O(l)$$

大理石 / 雲石、蛋殼都是 $CaCO_3$

　　如果可樂倒在大理石 / 雲石地板會怎樣呢？可樂有檸檬酸，地板會立即起泡，由光滑面變成暗啞面！如果用醋浸原隻雞蛋一個星期，蛋殼會完全溶化，蛋會變成「橡皮彈彈波」。

　　蠔（牡蠣）殼、雞蛋殼、珍珠末都是碳酸鈣（$CaCO_3$），亦是古時的胃藥，因為他們都可以中和胃酸（HCl）。

梳打粉

香港有一陣子,處處都有催淚彈。催淚彈成分為鄰-氯代苯亞甲基丙二腈($C_{10}H_5ClN_2$),簡稱為 CS。由於 CS 很容易在鹼性溶液中分解,可以用梳打粉或洗潔精水抹走 CS 污染。

大家不要誤會只有梳打粉和食用梳打(baking soda,$NaHCO_3$)才有效,其實什麼鹼性東西都行。例如肥皂水、洗潔精水和廉價洗髮水(多數鹼性)都可以令 CS 分解(加鹼「水解」)。它們亦可以中和其他酸性物質。不過,梳打粉不能分解二噁英(高溫下有可能由 CS 產生的物質),沒有什麼化學品可以在常溫常壓下將二噁英分解。

「發粉」可以嗎?完全不可!它不但含有梳打粉,還有酸性物質,做糕點時加水就會產生二氧化碳,使其發脹。

$$HCO_3^-(aq) + H^+(aq) \longrightarrow H_2O(l) + CO_2(g)$$

製造廣東食品「油炸鬼」(油條)就需使用梳打粉和明礬(一種酸性物質)。但最近已較少使用,因為明礬含有鋁離子,有損健康。

「大梳打 / 洗滌梳打(washing soda,Na_2CO_3)」可以嗎?可以,因為它也是弱鹼性,鹼性比食用梳打強一些。不過沒必

要用它去清除 CS，肥皂水已有很好的效果。有些店舖會用洗滌梳打而非食用梳打粉來製油條。國內曾有商店用含有洗滌梳打的洗衣粉去做油條。

那麼「哥士的梳打 / 哥士的（caustic soda，NaOH）」更有效嗎？我不建議用這麼強的鹼性物質去清除 CS，因為哥士的是強腐蝕性物品！

那麼「梳打水（soda water）」，即汽水行嗎？汽水多數酸性，不建議用。你能買到鹼性的汽水嗎？用回肥皂水吧！

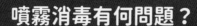

噴霧消毒有何問題？

噴霧式消毒用品有很多，一類是用手動方式，用手指的力量壓出噴霧（微粒較粗，相對安全）；一類是用壓縮氣體或用電的方式產生噴霧（微粒較幼細）；最後一種是超聲波霧化器（微粒極細，很易入肺，相對危險）。

很多人貪圖方便，用噴霧式消毒劑全家都噴，也噴向自己，以代替用酒精抹手或肥皂水洗手。我自己極少用這類產品！為什麼呢？

1. 噴霧品比酒精貴

$25-30 已經買到 100 片酒精紙巾（含 70% 異丙醇），又方便又細小，而且比什麼噴霧水便宜！

2. 噴霧劑比酒精紙巾毒性更強

有些人用噴霧劑噴向全家每個角落，甚至向自己的頭噴灑噴霧劑！當你嗅到「很香」的氣味，代表你吸了噴霧入肺，無緣無故等於吸煙！各國老早證實了沒有必要！如果噴霧劑噴出來的是酒精，那簡直就是製造火災！因為全屋都充滿着酒精的易燃蒸氣，一有火花立即着火。

3. 不知有效成分是什麼

一般用於皮膚的消毒藥水是以不同比例的：(A) 醇（酒精）/ 二醇；(B) 表面活化劑；(C) 殺菌 / 消毒劑（如 $NaOCl$ / 漂白水成

分、季銨鹽 benzalkonium chloride、滴露 dettol / PCMX）混合製成，有部分可以用在皮膚上，有些只可以用於死物。（但你是生物喔！）

4. 天然更恐怖！

　　有些產品標榜用天然的鹽和水電解製成可供消毒的次氯酸水 / 酸性電解水（hypochlorous acid）。雖然鹽是天然的，並不代表造出來的產品是安全及有效的！日本最近發現所謂次氯酸水的殺菌能力成疑，完全不及漂白水。特別是噴霧型的更是非常危險，不宜採用，不能有效消除新冠病毒，亦會令使用者中毒。[註1]

　　盲信廣告的傻瓜，英文叫 sucker，切勿懶惰，多看點書吧！

　　香港人很奇怪，一邊罵大陸廁所的香精香得好奇怪和懷疑有毒，另一邊自己在家燃點一些什麼精油消毒！一邊罵香港廁所的漂白水很臭，自己就用含有大陸香精的漂白水噴家具、噴小孩、噴自己和噴貓狗！還多付幾十倍的價錢！

[註1] Facilities in Japan cautioned against hypochlorous acid misting to fight COVID-19，The Mainichi (June 3， 2020): https://mainichi.jp/english/articles/20200602/p2a/00m/0na/025000c

混合清潔用品，可令人死亡！

有清潔工人在街市附近清除催淚彈殘餘物時，完美示範全部錯誤步驟：

1. 高壓水槍
2. 鏹水加漂白水 / 粉

其實當時沒有人中毒死亡，全因為有化學常識的朋友，即時告訴他馬上停止這樣做。

催淚彈主要成分 CS 是粉末，黏在地上的 CS 粉末被高壓水槍噴射到飛起來，漂浮在空氣中，工作人員及市民又再吸入 CS，又會再催淚多一次！

鏹水加漂白水 / 粉會立即釋出毒氣：氯（chlorine）。小量氯只是漂白水味。你多吸一點點氯就會中毒死亡！

$$2HCl + NaOCl \longrightarrow H_2O + NaCl + Cl_2$$

鏹水　　漂白水成分　　　　　　　　　　　　　氯

氯是第一次世界大戰時用的化學武器，殺死傷害不少軍人。話說當年英國和德國軍隊互相狂放氯氣彈，有一個德國小兵受了傷，去了後方就醫，他立志要報仇，徹底消滅英國。就這樣，這個第「一」次世界大戰的德國小兵促成了第「二」次世界大戰。這個小兵名叫：阿道夫·希特拉。

後記

　　本書只能夠在有限的篇幅內以深入易出的方法，從日常生活例子，刺激讀者對化學的興趣。希望在不久的將來，能寫多點有關「身體的化學」、「藥物的化學」和「地球的化學」以加強芸芸學子對化學的興趣，從而投身於科學研究。

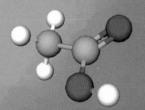

K·Kwong 的 化學世界

3 分 鐘 化 學

作者	K. Kwong
責任編輯	周詩韵
封面設計	K. Kwong
美術設計	簡雋盈
協力	戴曉程、甄錦晴
出版	明窗出版社
發行	明報出版社有限公司
	香港柴灣嘉業街 18 號
	明報工業中心 A 座 15 樓
電話	2595 3215
傳真	2898 2646
網址	http://books.mingpao.com/
電子郵箱	mpp@mingpao.com
版次	二〇二〇年七月初版
ISBN	978-988-8587-08-4
承印	美雅印刷製本有限公司